JN057762

0歳からシニアまで

コーギーとのしあわせな暮らし方

Wan編集部 編

はじめに

胴長&短足の代表格、プリッとしたお尻とスマイルが魅力の犬種と言えば、やはりコーギー。その愛らしい仕草と表情で多くの人を魅了し、今日に至るまで日本はもちろん世界各地で世代を超えて愛されてきました。

この本の特徴は、「0歳からシニアまで」コーギーの一生をカバーしたものであるということ。飼育書でよくある「これからコーギーを飼いたい」と思っている人向け、子犬向けの情報だけにとどまらない内容となっています。もちろん、子犬の迎え方や育て方もたっぷり盛り込んでいるので、コーギーの初心者さんにもばっちりお役立ち。それにプラスして、成犬になってから役立つしつけやトレーニング、保護犬の迎え方、お手入れ、マッサージ、病気のあれこれに、避けては通れないシニア期のケアもご紹介しています。

コーギーを長く飼っているベテランさんにも、飼い始めて間もない人にも、そしてこれから飼おうかと考えている人にも、コーギーを愛するすべての人に読んでほしい……。そんな願いを込めて、愛犬雑誌『Ｗａｎ』編集部が制作した一冊です。

飼い主さんとコーギーたちが、〝しあわせな暮らし〟を送るお手伝いができれば、これに勝る喜びはありません。

２０２３年５月

『Ｗａｎ』編集部

もくじ

PART 1 コーギーの基礎知識

PART 2

コーギーの迎え方

17

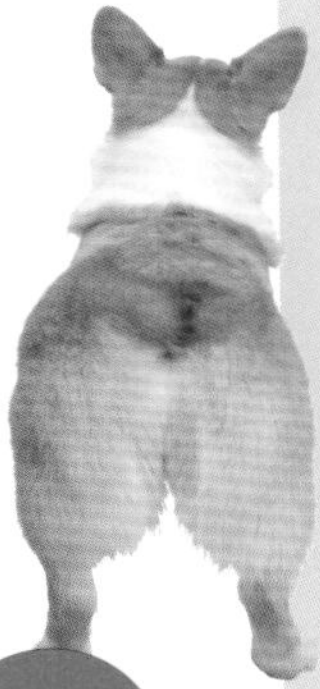

PART 3

コーギーのしつけとトレーニング

31

PART 4

コーギーのお手入れとマッサージ

51

PART 5

コーギーのかかりやすい病気&栄養・食事

73

PART 6

シニア期のケア

※本書は、『Wan』で撮影した写真を主に使用し、掲載記事に加筆・修正して内容を再構成しております。

Part 1

コーギーの基礎知識

コーギーは日本でも根強い人気を誇る犬種ですが、
まだ知られていないこともたくさんあります。
まずはコーギーという犬種について学びましょう。

コーギーの歴史

**日本でも人気の高い犬種として定着しているコーギー。
じつは犬種としての歴史が古く、
作業犬としても大活躍してきた犬なのです。**

「ウェルシュ・コーギー」は2犬種！

日本で見かける「ウェルシュ・コーギー」と言えば、しっぽが短くてかわいい顔が定番。しかし正確に言うと、それは「ウエルシュ・コーギー・ペンブローク」を指すのです。胴長短足の体型は似ていても、顔つきや毛色がちょっと違う犬がいるのですが、ご存じでしょうか？　その犬こそ「ウェルシュ・コーギー・カーディガン」。日本ではめったにお目にかかれないレアな犬種です。

歴史的にはカーディガンのほうが古く、紀元前１２００年ごろ、中央ヨーロッパにいたケルト族と一緒に現在のイギリス・ウェールズ地方に移ってきたといわれています。住みついたところがカーディガン州の高地だったため、犬種名に「カーディガン」の名が付いたのでしょう。

対してペンブロークはカーディガンと比べると新しい犬種で、その歴史は１１０７年ごろから始まります。もともとはフランスのフランダースにいた犬を、職工たちが移住先のウェールズ・ペンブロークシャーに連れて来たとされています。

つまり、カーディガンとペンブロークはもともとまったく別の犬種だったのです。今よりももっとその差がはっきりしていて、あまり似ていなかったといわれています。それが似た外見になったのは、19世紀にお互いの混血が進んだから。一説によれば、カーディガンシャーの小さな村でお金に困った若者が、カーディガンの子犬を隣の州（ペンブロークシャー）に売ったということなので、犬種が混じるのも当然と言えるでしょう。

１９３４年ごろまではドッグショーでも同一犬種として扱われていましたが、もともとは別犬種だったため

交配が禁じられるようになりました。ペンブロークだけが日本での人気を獲得したのは、そのかわいらしい顔立ちのためかもしれません。カーディガンはかわいいというより、精悍な顔つきをした犬が多いのです。

ペンブロークとカーディガンの違い

	ペンブローク	カーディガン
体高	約25.4〜30.5cm	30cmが理想
尾	短いことが多い。尾がないこともある	長い
毛色	レッドかセーブル、フォーン、ブラック＆タンの単色。白い部分はあってもなくても良い	どの色でも許容され、白い部分はあってもなくても良い

左のカーディガンの毛色はブリンドルと言い、ペンブロークにはない毛色です。

胴長短足が生まれた背景

ウェールズのペンブロークシャーは海沿いに位置しており、北欧のバイキング（海賊）から多くの影響を受けた地域です。

つまり、ペンブロークに北欧系のスピッツ犬種の血が入っていても不思議はありません。現にスウィーディッシュ・ヴァルフンドやノルウェージャン・ブーフントといった北欧のスピッツ系牧畜犬は、胴長短足の特徴的な体型。コーギーによく似ており、スウィーディッシュ・ヴァルフンドに至ってはペンブロークと同様に短い尾（ボブテイル）と長い尾の両方が存在しています。

　また、イギリスには「ランカシャー・ヒーラー」という胴長短足の牧畜犬も存在しますが、こちらはコーギーの血が混じってこの体型になったといわれています。「ヒール」とは「かかと」の意味で、まさに牛のかかとを噛んで誘導する犬、ということになるでしょう。

　体高が高くては牛のかかとは噛めません。そのため、いずれにしても「見た目がかわいいから胴長短足にしようとした」わけではなく、ひたすら牧畜犬としての性能を重視して、代々ブリーディングを重ねた結果の体型だと言えそうです。

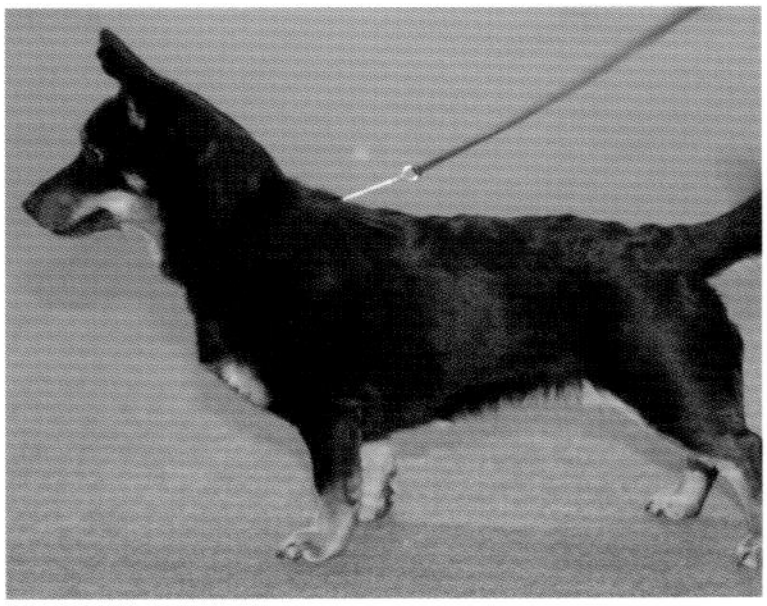

ランカシャー・ヒーラー。テリアの血を引くため、顔つきはコーギーとはかなり異なるものの、体型はそっくりです。

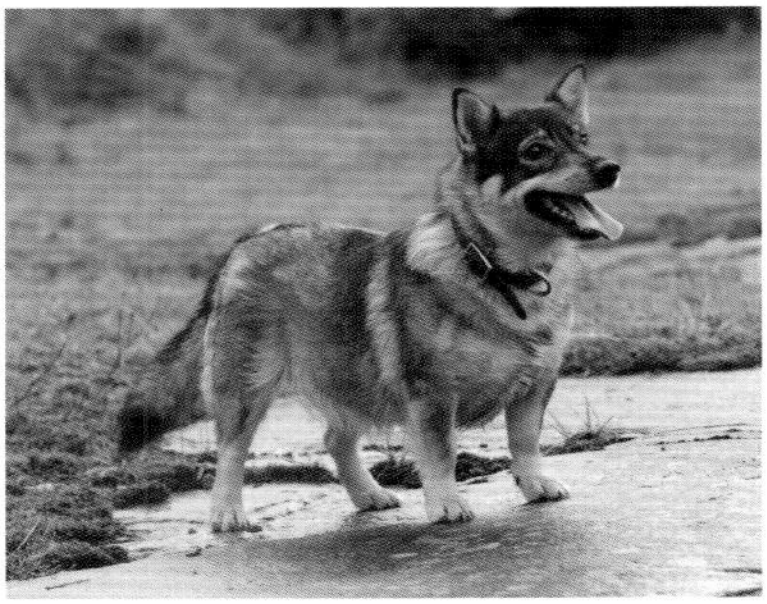

コーギーの祖先ではないかといわれるスウィーディッシュ・ヴァルフンド（スウェーデン原産）。コーギーよりややすっきりしていますが、こちらも胴長短足です。

コーギーの仕事

コーギーの体型の由来は「牛のかかとを噛むため」。ではなぜ、牛のかかとを噛む必要があったのでしょうか？　歴史的にあまり牧畜をしてこなかった日本人にはあまりピンとこないところでもあります。

牛や羊などの家畜は、広い牧草地で放牧をして、牧草をしっかり食べさせます。牧草地まで連れて行く／連れて帰ってくるときに、家畜があちこちに行って文字通り「道草を食って」しまうため、人間だけでは隊列を御することができません。家畜の誘導に活躍するのは牧畜・牧羊犬なのです。

ウェールズでは牛の牧畜が盛んで、コーギーが非常に重宝されました。牛に後ろ足で蹴られるのを避けながら、後ろからすばやくその「かかと」を噛むことで進む向きを変えて群れを上手に誘導したのです。農夫が家の門前で口笛を吹いて犬に合図をすると、コーギーが家畜を適当な牧草地へ連れて行き、しばらく経って再度口笛を吹くと家畜の群れを引き連れて牧舎へ戻ってくるという有能ぶりだったと言います。

ちなみにヤギや羊は急斜面を移動することもあるので、身軽なボーダー・コリーが適任。牛の場合はゆったりした動きであることに加えてかかとを噛んで方向転換させるのが主なので、コーギーのような犬がぴったりなのです。

牧畜犬の仕事をしているカーディガン。牛のかかとを噛みつつ、上手に追い立てています。まさに「ヒーラー」です。

コーギーの特徴

**ほかの犬種と比べると、コーギーには
どんな特徴があるのでしょうか。**

活動的な「犬らしい犬」基本のしつけが大事

がっしりした体型で、性格も活動的。「大型犬を飼いたいけど、サイズ的に難しい」という人を満足させられるような、犬らしさを持った犬種です。

素直で賢い子が多くしつけもしやすい犬種ですが、飼い主さんが「何をしていいか／悪いか」をきちんと教えなければ、自分勝手に振る舞うようになるので要注意。ただかわいがるだけでなく、散歩や遊ぶときにもリーダーシップをとることが重要です。

「一生責任を持って飼う」心がまえを持つ

ほかの犬種でも同じですが、飼う前に「一生責任を持って飼えるかどうか」をよく考えて、覚悟が決まってから迎えてください。犬を飼うというのは、ふだんの世話はもちろん病気やシニアになったときの治療や介護も引き受けるということ。軽い気持ちで飼い始めると、犬にも飼い主さんにも不幸な結果になってしまいます。

コーギーにもいろいろな性格の子がいるので、場合によっては打ちとけるまで時間がかかるかもしれません。しかし、飼い主さんが誠実に接していれば心を開いてくれるはず。「イメージと違う」などと言わずに、愛犬と向き合って良い関係を築いていきましょう。

骨太でしっかりした手ごたえのある体。運動能力の高さがうかがえます。

コーギーの理想の姿

コーギーの理想型を示す犬種標準（スタンダード）を紹介します。
ドッグショーではスタンダードをもとに審査が行われるため、
この基準が犬種の向上に役立っています。

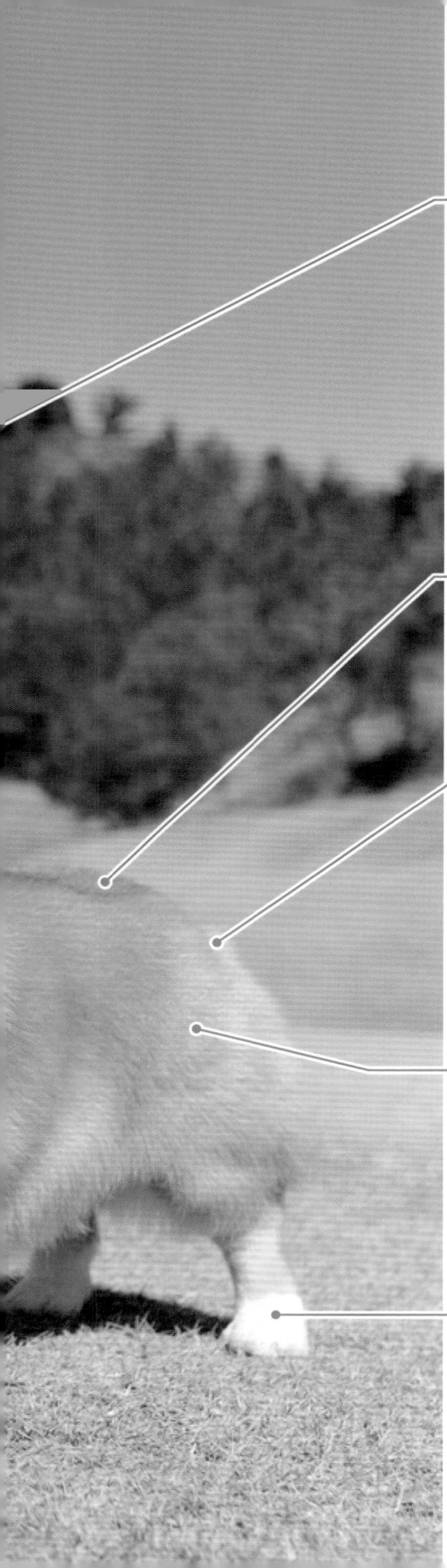

耳

直立しており、耳の先はわずかに丸みを帯びています。

体

背は平ら。適度な長さで、肋骨はよく張っています。

しっぽ

生まれつき自然に短いのが好ましいとされます。

毛色

レッドかセーブル、フォーン、ブラック＆タンの単色。足、前胸、首の白い斑はあってもなくてもよいとされます。

足

真ん中の2本の指が、外側の2本の指よりわずかに長くなっています。パッドは丈夫で、アーチ状。

頭
全体はキツネのような外形で、頭蓋はかなり広く、耳と耳のあいだは平らです。

目
丸く、中くらいの大きさ。色はブラウンで、被毛の色と調和しています。

鼻
色はブラック。

首
かなり長く、筋肉質で力強い。

被毛
中くらいの長さ。直毛で、アンダーコートは密。

体高：約25.4 ～ 30.5cm（肩部での体高）
体重：オス10 ～ 12kg／メス10 ～ 11kg

コーギーコラム
1

迎えるなら成犬？　子犬？

「犬を飼うなら子犬から」という考えがまだまだ一般的ですが、
最近は保護犬などで成犬やシニア犬を
迎える動きも出てきています。

保護犬の里親探しでネックになりがちなのは、犬の年齢。成犬やシニア犬は、「子犬のほうがすぐ慣れてくれて、しつけもしやすそう」という里親希望者に敬遠されることが多いようです。

実際は、成犬やシニア犬が子犬と比べて飼いにくいということはありません。むしろ「成長後はどうなるのか」という不確定要素が少ないぶん、迎える前にイメージしやすいというメリットがあります。とくに保護犬は里親を募集するまで第三者が預かっているため、その犬の性格や健康上の注意点、くせ、好きなことと嫌いなこと（得意なことと不得意なこと）などを事前に教えてもらえるケースがほとんど。里親はそれに応じて心がまえと準備ができるので、スムーズに迎えることができるのです。

もちろん、健康トラブルを抱えた犬や体が衰えてきたシニア犬の場合は治療やケア（介護）が必要になりますし、手間やお金のかかることもあるでしょう。しかし、子犬や若く健康な犬でも突然病気になる可能性があります。老化はどんな犬でも直面する問題。保護団体（行政機関）の担当者や獣医師と相談して、適切なケアを行いながら一緒に過ごす楽しみを見つけましょう。

犬と一緒に暮らすとなると、どの年代でもその犬ならではの難しさと魅力があるものです。選択の幅を広く持ったほうが、“運命の相手”と出会える確率が上がるのではないでしょうか。

成犬は性格や好き嫌いが十分わかっていることが多いので、家族のライフスタイルや先住犬との相性など、総合的に判断できるというメリットがあります。

Part 2

コーギーの迎え方

いよいよ「コーギーを迎えたい！」と思ったら……。
迎える準備、接し方などをチェックしましょう。

Welsh Corgi Pembroke's Puppies

生後20～40日のコギっ子たち。
キリッとかっこいい大人コーギーを目指して、
今日も元気に遊んで、眠って、成長中です。

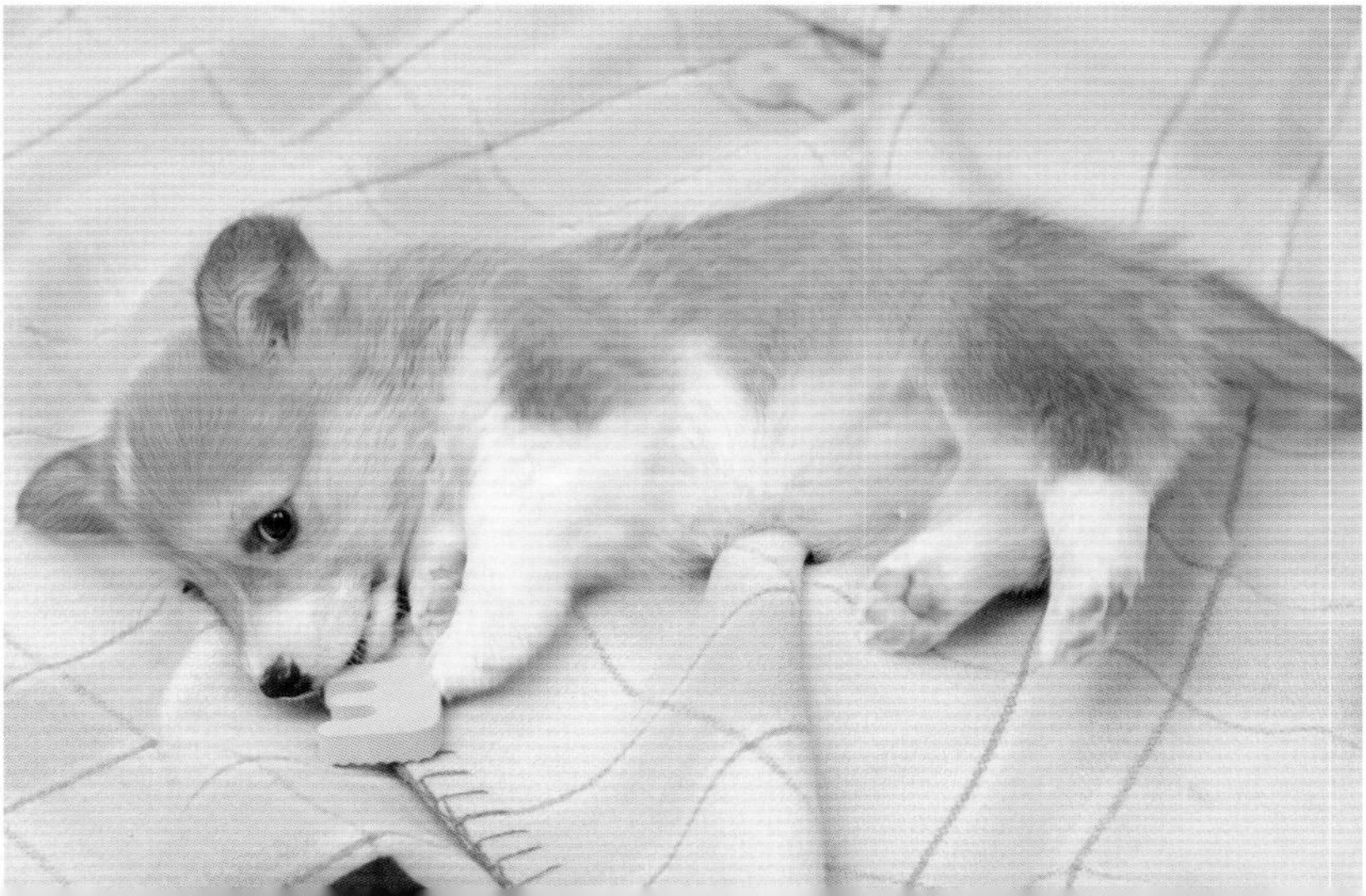

コーギーの迎え方

まずは「子犬から迎える」ケースをモデルに、ポイントを確認します。

子犬の迎え方

どこから迎えるのか、どんな子を選べばいいのかを考えてみましょう。

ブリーダーやショップの条件は「相談できるところ」

ブリーダーでもペットショップでも、子犬の生育環境や親犬がどんな犬かを事前に確認できるところが基本。飼い方についての疑問や相談に応えてくれて、信頼できるところを探しましょう。ブリーダーの場合はホームページやSNSの情報だけではわからないこともあるので、実際に犬舎を訪問するのがいちばん。わからないことがあれば、そのときに聞いてみましょう。

生後2～3か月の時点でも子犬ごとに見た目や性格の違いは出てきますが、それらは成長とともに変化することもあります。迎える子犬を選ぶときはあまりこだわりすぎず、今後の成長を楽しみにするくらいの気持ちでいてください。

子犬の育っている環境を事前に見学しておくと安心です。可能であれば、ぜひ行ってみてください。

少しずつ慣らしてから必要なしつけを

子犬を迎えるときは最低限、サークル、トイレ、フードボウル、フードを準備しておきます。

急に食事が変わるとお腹を壊してしまうかもしれないので、フードはもともと食べていたものを用意すると安心。ほかに必要なものや子犬の生活環境の整備については、ブリーダーやペットショップのスタッフに相談して個別に対応しましょう。

迎えてすぐにベタベタさわりすぎると子犬がストレスを感じてしまうので、最初の2～3日間はそっとしておき、少しずつ慣らしてください。下痢など体調に異常が見られたら、すぐ動物病院で診てもらいましょう。

なるべく早い時期にしておきたいのが、トイレのトレーニング。用意したトイレにさりげなく誘導し、できたらすぐにほめて「いいこと」だと教えます。ほかのことを教えるときも、何かできたら（失敗したら）すぐその場でほめる（しかる）ようにします。タイミングさえ外さなければ、頭の良いコーギーは理解してくれるはずです。

　また、コーギーはダブルコートで換毛期（春と秋）に下毛が生え変わるため、ブラッシングや抜け毛の始末も飼い主さんの大切なお仕事です。

犬舎できょうだいといた子はある程度コミュニケーションができますが、迎えた後も社会化は大事。ワクチンを接種したら、なるべくほかの犬や人と接する機会を作りましょう。

ふだんのお手入れのポイント

コーギーは短毛なので、あまり気を使わなくてもいいと思われがちですが、日々のケアによってかなり違ってきます。ブラッシングはできれば毎日してあげてください。前述の通りコーギーにはアンダーコートがあって、抜け毛もかなり多いのです。そのため、換毛期にはとくに念入りにブラシをかけてあげると良いでしょう。

　シャンプーは、夏は1か月に2回、冬なら1か月に1回くらいを目安に行うようにしましょう。すすぎ残しは皮膚トラブルの原因になってしまうので、シャンプーが残らないようしっかり流してください。

コーギーと暮らすためのポイント

- □ 必要なものはブリーダー（ペットショップスタッフ）に相談を
- □ ストレスをかけないように
- □ 体調不良を感じたらすぐに動物病院へ
- □ しつけは「すぐにその場で」ほめる・しかるのが基本
- □ お手入れや抜け毛対策にも配慮しよう

理想的な関係を築いて、
「わが家だけのコーギー」を
育ててあげてください

保護犬を迎える

保護団体や行政機関で保護された犬を迎えるのも、選択肢のひとつ。その注意点と具体的な迎え方を紹介します。

保護犬について知る

保護犬の特徴と気をつけたい点を確認します。

保護犬とは一般的に、何らかの事情で元の飼い主と離れて動物保護団体(民間ボランティア)や動物愛護センター(行政機関)に保護された犬を指します。保護犬には、健康上のトラブルを抱えていたり、警戒心が強い犬もいます。そのため、一度新しい飼い主(里親)が見つかってもうまくいかず、なかには保護団体に戻ってくるケースもあるようです。

そのようなミスマッチを防ぐためにも、各団体で定めているガイドラインに沿って慎重に里親希望者との話し合いを進めています。多くの団体では、事前に、里親希望者のライフスタイルや保護犬を飼う態勢についてヒアリング。その結果、飼育が難しいと判断したときは断ったり、当初の希望と別の犬をすすめることもあります。また、病気のケアやシニア期の介護ができるかどうかも重要です。

里親希望者には、保護犬の健康状態を伝えた上で、今後トラブルがある可能性についても説明。その後譲渡へ進みます。保護犬に限らず、犬を飼うということは何が起こるかわからないためです。「5年後10年後まで、犬にも飼い主さんにもしあわせに過ごしてほしい」というのが保護活動を行っている団体の多くが持つ思いなのです。

保護犬との生活で大事なのは、「かわいそう」ではなく「この犬と暮らしたい」と思って迎えること。あまりかまえずに、迎える犬を探すときの選択肢のひとつとして検討してみましょう。

保護犬には成犬が多いので、性質や特徴を子犬より把握しやすいというメリットがあります。

保護犬の迎え方

保護犬を迎えるための
基本の流れを
チェックしましょう。

※各段階の名称や内容は一例です。保護団体や動物愛護センターによって異なりますので、申し込む前に確認しましょう。

申し込み

保護団体や動物愛護センターで公開されている保護犬の情報を確認し、里親希望の申し込みをします。最近は、ホームページを見てメールで連絡するシステムが多いようです。

どこにどの犬種がいるかはタイミング次第なので、まずはコーギーのいるところを探しましょう

審査・お見合い

メールなどでのやりとりを通じて飼育条件や経験を共有し、問題がなければ実際に保護犬に会って相性を確かめます。
犬との暮らしは、楽しいことばかりではありません。現実をしっかり見つめた上で、その子を受け入れられるかどうか、とことん考えることが大切。お見合いは、そのための情報収集の機会でもあります。

譲渡会など保護犬とふれ合えるイベントも定期的に開催されているので、その機会にお見合いをするのもおすすめです

契約・正式譲渡

トライアルを経て改めて里親希望者・団体の両方で検討し、迎えることを決めたら正式に譲渡の契約を結んで自宅に迎えます。

トライアルのための環境チェック

保護団体では、トライアル開始前に、飼育環境などのチェックを行います。これは保護犬の安全と健康を守るために大切なこと。とくに初めて犬を飼う人の場合は、気をつけておきたいことがいろいろあります。

チェック例

- □ **家の出入りに危険はないか（玄関から直接交通量の多い道に飛び出す可能性がないか、など）**
- □ **室内の階段やベランダなどの安全対策は十分か（危険なところにはゲートを付けるなど）**
- □ **散歩の頻度**
- □ **トイレのタイミングと場所**
- □ **留守番の時間はどのくらいか** etc

正式譲渡後も里親さんが相談しやすいように、定期的に交流会を開催している保護団体もあります。

トライアル

お見合いで相性が良さそうだったら、数日間〜数週間のあいだ試しに一緒に暮らしてみて、お互いの生活に支障がないかを確認します。期間は保護犬の状態に応じて変わることもあります。

保護犬を迎えるまで

里親希望者が
気をつけたいポイントは
次の通りです。

申し込み

里親の希望を出す前に、犬を飼った経験や飼育条件（生活環境や家族構成など）をまとめておきましょう。必ず担当者から聞かれるはずです。時には経済状況や生活スタイルの細かい点まで質問されることがありますが、里親と保護犬の快適な生活のために必要なことなので、できる限り対応してください。

また、人気のある保護犬だと複数の里親希望者が名乗り出ることがあります。そのときは団体（行政機関）側が希望者の飼育条件を元に最も適した人を選びますが、選ばれなくてもあまり気にせず「ほかにもっとぴったりの犬がいる」と思うようにしましょう。

最初の希望とは別の保護犬をすすめられることもあるかもしれませんが、それは団体や行政側が条件などを考慮した上で「この人（家庭）ならこの犬のほうが良さそう」と判断されたということ。「つねに家に人がいるなら留守番が苦手な犬でも大丈夫なのでは」などの理由があっての提案なので、柔軟に検討を。

保護犬との相性

飼育条件の確認で問題がなければ、対象の保護犬と直接会って相性を見る段階（お見合い）に移ります。その犬を預かって世話をしている預かりボランティア宅を訪問する場合もあれば、保護団体が開催する譲渡会で対面を果たす場合もあります。

初対面では保護犬は警戒していることが多く、すぐには近寄って来ないかもしれません。そういうときは無理をせず、犬のほうから近づいてくるのを待ちましょう。また、預かりボランティアや担当のスタッフから、その犬のふだんの過ごし方や病気・ケガの回復状況、飼うときの注意点などを直接聞いてみてください。

memo

先住犬がいるなら、
一緒に連れて行って
犬同士の相性も確認
してみましょう。

保護犬を迎えてから

保護犬ならではの注意点に配慮して、できることを少しずつ広げていきましょう。

保護犬との生活

犬は本来適応力が高く、保護犬でもすぐ新しい環境になじむケースが少なくありません。

しかし保護犬、とくに成犬の場合は、以前飼われていた家での習慣が身についていることもあります。飼い主は自身の生活スタイルに応じて、愛犬に新しく教えたり、習慣を変えさせたりしなければならないことも。反対に、飼い主側が自分の生活スタイルをある程度愛犬に合わせなければならないこともあります。

ブリーダーやペットショップから迎える場合と同じように、犬の様子を見ながら対応することが大事です。無理のない範囲で少しずつ距離を縮めていきましょう。

新しい環境に置かれた犬はまず、危険がないか周囲を観察します。そのあいだは手を出さず、食事やトイレなど最低限の世話だけして、犬が環境に慣れて自然と寄ってくるまで放っておくようにします。どれくらいの期間で慣れるかは犬によりますが、犬自身のペースに合わせることで信頼関係が生まれます。

もし健康管理やしつけなどで壁にぶつかったら、譲り受けた保護団体や動物愛護センターに相談することも可能です。多くの団体や行政機関では、譲渡後の相談を受け付けています。その保護犬を世話していた担当者やほかの里親さんがアドバイスしてくれるはずなので、協力をあおぎましょう。

保護犬には、複雑な事情を抱えている犬もいます。しあわせにするには、周りの人と協力して犬と向き合うことがカギになります。

コーギーコラム 2

エリザベス女王とコーギーの物語

在位70年を迎えた2022年に、96歳で亡くなったエリザベス女王。
そんな女王がこよなく愛した犬こそ、
ウェルシュ・コーギー・ペンブロークだったのです。

エリザベス女王が初めてコーギーと出会ったのは1933年、まだ王女だった7歳のときでした。父・ジョージ6世（アカデミー賞を受賞した映画『英国王のスピーチ』の主人公）に連れられて、親交のあったバース侯爵の屋敷を訪れた際、そこで飼われていたコーギーにひと目惚れ。妹のマーガレット王女と一緒に「この犬を飼いたい！」と、おねだりしたそうです。願いが聞き入れられて迎えた子犬は『デューキー』と名付けられ、ほどなくして家族に加わった2頭目のコーギー『ジェーン』とともに姉妹の良き遊び相手となりました。

第二次世界大戦末期の1944年、エリザベス王女は18歳の誕生日プレゼントとしてジョージ6世からメスのコーギーを贈られました。『スーザン』と命名されたこのコーギーへの愛情は深く、夫であるフィリップ殿下とのハネムーンにも同行させたほど。さらにスーザンとオスのコーギーを交配させ、以降14代にわたってスーザンの血統を受け継ぐコーギーをブリーディングしてきました。

王位継承後も長年コーギーと生活してきた女王ですが、2015年に「もう犬は新たに迎えない」と発言。「愛犬を残して死にたくない」というのがその理由で、それには2012年に亡くなった愛犬の『モンティー』の存在が影響しています。モンティーはもともと女王の母、エリザベス王太后が大切に飼っていた犬。2002年に王太后が亡くなってからは女王が引き取っていたのですが、もしかすると元の飼い主を恋しがる様子を見て「自分の愛犬にはこんな思いをしてほしくない」と感じたのかもしれません。

女王は愛犬たちの体質を正確に把握しており、ケガや病気の症状に合わせて薬草やハーブ類を自身で調合して与えていたそうです。

Part3

コーギーのしつけとトレーニング

かわいがるだけではなく、節度ある関係を築くのが理想的。飼い主さんと愛犬がお互い気持ち良く過ごすため、基本のしつけやトレーニングを行いましょう。

基本のトレーニング

飼い主さんとコーギーの心がもっと通い合うような、トレーニングと外遊びの方法を紹介します。

トレーニングは信頼関係づくり

コーギーは家庭犬でもありますが、もとは牧畜犬で、仕事欲と学習能力が高い犬種です。そんなコーギーらしさをふだんの生活で活かしてあげることこそ、飼い主さんとワンコの双方のしあわせへの第一歩。トレーニングは、飼い主さんとワンコの信頼関係を築くためのコミュニケーション方法でもあると、まずは覚えておいてください。つまり、トレーニングを失敗したからといってワンコをしかるのは言語道断。ワンコにストレスを与えず、作業欲がどんどん満たされて楽しい気持ちになれるようなトレーニングを行うことが大切と言えるでしょう。

環境を設定することが重要

「〜しないようになってほしい」「〜をやめさせたい」。ワンコと生活していると、どうしても飼い主さんはそのように思ってしまいがちです。でもまずは、その行動が起きている「環境」をじっくり見てみましょう。

たとえば、ほかのワンコに吠えたり、散歩中に出会う猫を追いかけたりするのは、そのような行動が出やすい環境に置かれてしまったから。もしほかのワンコに吠えるならば、しかったり、リードをぐいぐい引っ張ってやめさせようとするのではなく、環境を見直してみてください。地域猫のなわばりを避けた散歩コースを選ぶ、ほかのワンコが公園で集まって遊んでいる時間帯や場所を避けて散歩する……。このような環境設定を飼い主さんがしてあげれば、いわゆる問題行動と呼ばれるようなお困り行動を、ワンコ自身がしないで済むのです。環境設定によって避けられるものは、避けるのが最良の選択だと心得ておきましょう。

それでも、困った状況に突発的に置かれることがあります。このときに飼い主さんもワンコも楽しいと思える行動を取ることでお困り行動を予防できるよう、次のページ以降で紹介する「アイコンタクト」「呼び戻し」「リーヴ（無視）」などをマスターさせておくのをおすすめします。

困ったらプロに相談を

コーギーはたまに、本来備わっている追いかけ行動が強く出すぎてしまうことがあります。たとえば、「リーヴ」を覚えたコーギーは、自分で興奮のコントロールをしやすくなります。ところが、もうすでに、目の前を横切る自転車などを見ると大興奮してしまう習慣がついていると、飼い主さんの力だけで行動を変化させるのは難しいかもしれません。

　どうしても困った行動がワンコに見られる場合は、コーギーをしかったり罰したりすることなく、ドッグトレーナーや行動治療を行っている獣医師などに相談をしながら問題を解決するのをおすすめします。

アイコンタクト

マスターすれば、散歩中に
リードを引っ張るお悩みを
解決できます。

1 目が合うまで待つ

ごほうびのおやつを持っていることはワンコには内緒にしながら、飼い主さんの目をワンコが見てくれるまで待ちます。なかなか目を合わせてくれないワンコには、口で小さく音を出したり、少しその場を前後左右に動いたりして、目を合わせてくれる環境を作りましょう。

2 目が合ったら「Yes」

ワンコと目が合った瞬間に「Yes」や「グー」など、飼い主さんが決めた言葉のOKサイン（マーク）をすぐに発してください。

3 ごほうびのおやつを与える

サインを発したら、ごほうびのおやつを与えてください。名前を呼んで注意を引くのはNG。逆に、ワンコを呼んでいないのに飼い主さんの目を見てくれたら、どんどんおやつを与えてアイコンタクトの強化をしましょう。

〈応用編〉

1　向かい合ったままバック

リードを着けたワンコと向かい合い、飼い主さんはそのまま1歩後方に下がりましょう。

2　目が合ったらごほうび

ワンコと目が合ったら「Yes」などのサインを発して。それから、ごほうびのおやつを与えます。

3　見つめ合ったまま歩く

アイコンタクトがキープできるようになったら、飼い主さんはワンコと歩き出し、しばらく目を合わせながら歩けたらごほうびを与えましょう。

引っ張らないで歩く

お散歩でアイコンタクトを
実践してみましょう。

1　引っ張られたら止まる

ワンコがリードをぐっと引っ張ったら、飼い主さんはピタッとその場に静止を。決して「コラ！　引かない！」などとしかってはいけません。

2　ワンコが振り向くまで待つ

「あれ?」とワンコが飼い主さんに意識を戻して、飼い主さんと目を合わせようとするのを無言で待ちましょう。

吠えやんだら遊ぶ

愛犬がオモチャを見て要求吠えしてしまう場合は必見です。

1　オモチャを見て吠えても相手にしない

ワンコがオモチャを見て「早くちょうだい!」とばかりに興奮して要求吠えをしているときには、決して与えないで。

2　オモチャを見えないところに隠す

飼い主さんの洋服のポケットやお散歩バッグの中に、オモチャを隠してしまいましょう。オスワリをさせるより、「吠えるのをやめたら与える」ほうが、要求吠えをしないワンコになります。

3　数秒間でも吠えやんだら、与える

ボールを見た瞬間また吠えたら、再度隠します。それを繰り返してワンコが静かになったら、まずは「Yes」などのサインを出してからボールを取り出し、オモチャを与えましょう。

3　目が合ったらほめる

ワンコとアイコンタクトがとれた瞬間に「Yes」などのサインを発し、飼い主さんの元へ戻ってきたらごほうびのおやつを与えます。

リーヴ
（無視）

マスターすれば、拾い食いや
野鳥などを追う行動を
未然に防げます。

1　おやつから意識がそれるのを待つ

飼い主さんはおやつを握った手を出し、ワンコがなめたり足先で引っ掻いて取ろうとしても無視してください。

2　顔を背けたら「Yes」

飼い主さんが手で握ったおやつから、ワンコが顔を背けたり、アイコンタクトをとってきたら、「Yes」などのサインを発します。

3　ごほうびにおやつを与える

ワンコがおやつを無視できたら、もともとおやつを持っていたのと反対の手からごほうびのおやつを与えましょう。

〈応用編〉

1　おやつを見せながら「リーヴ」

食べ物をワンコに見せながら、「リーヴ」と言葉で合図を出します。

2　無視やアイコンタクトができたら、ごほうびを与える

対象物からワンコが目をそらして知らんぷりができたり、飼い主さんにアイコンタクトをとってきたら、ごほうびを与えましょう。

「物くわえ」を予防

屋外での拾い食いを
予防しましょう。

1 刺激物に近寄ったら「リーヴ」

散歩中に拾ってほしくない物にワンコが近づきそうになったら、「リーヴ」とはっきり伝えます。

2 アイコンタクトで「Yes」

ワンコが刺激の対象に向かわずに、リーヴ（無視）できたら「Yes」のサインを。

3 刺激の対象から離れてごほうびを与える

刺激物を無視しながら通り過ぎることができたら、ほめておやつを与えて。刺激物が視界に入らないところまで行ってから与えると良いでしょう。

3 高さや刺激を変えて強化レッスン

食べ物だけでなくオモチャなどでもリーヴ（無視）ができるように強化練習を。対象物を床に置いたり、高く掲げたりしながらレベルアップを目指してください。

鳥や猫を追うのを予防

散歩中に「リーヴ」を
実践してみましょう。

1 **鳥や猫が目の前に現れたら「リーヴ」**

目の前に鳥が舞い降りてきたら、ワンコに「リーヴ」と声をかけます。

2 **アイコンタクトをとりながら離れる**

ワンコがリーヴ（無視）できたら「Yes」と言い、そのまま鳥や猫から遠ざかりましょう。場合によっては、鳥とワンコのあいだに飼い主さんの身体がパーテーションのような意味合いで入るようにして、ワンコにとっての刺激を軽減させるのもひとつの方法です。

オフorアウト

くわえたものを
口から放さないお悩みには、
オフ（またはアウト）の活用を。

1 **オモチャをくわえているときに「オフ」と合図**

ワンコがくわえている物を決して引っ張らず、ワンコに「オフ（アウト）」と声をかけます。

2 **ワンコが口から放したら「Yes」とサインを出す**

飼い主さんは「オフ（アウト）」の合図を言いつつ、ワンコが口からオモチャを放すのを待ちます。そして、ワンコが口から物を出した瞬間に「Yes」とサインを発してください。

3 **ごほうびに違うオモチャと交換**

ごほうびは食べ物ではなく、用意してあった違うオモチャにします。そうすれば「取られたくないから放さない」という気持ちにさせず、遊び感覚で練習が続けられます。

「呼び戻し」遊び

自然に、飼い主さんについて
歩くことが好きな
ワンコになれる遊びです。

２人でロングリードの距離が届く範囲で向かい合わせになり、片方がワンコの名前を呼びます。ワンコが足元まで来たら、ごほうびのおやつを与えましょう。それを繰り返すうちに、名前を呼んだらすぐに駆けつけるワンコになっているに違いありません。

1対1で追いかけっこ

追いかけたり走ったりと、
コーギーの仕事欲を
満たせる遊びです。

1 おやつを持っているのを見せます。

「どこから呼ばれるかな?」ゲーム

屋外でも室内でもできる遊びです。

1　まず、３人や４人でバラバラに立ち、ワンコがもともと意識を払っていない人が名前を呼びます。誰がワンコの名前を口にするか、ワンコ自身にわからないのがポイント。

2　一度おやつを与えます。

3　追いかけっこをワンコと一緒に楽しみましょう。

4　ワンコが追いついたら、おやつを与えます。

5　ターンをしてまた逃げて、を繰り返しましょう。

2 呼んだ人の足元までワンコが来たら、おやつを与えます。呼んでないのにワンコが来てもおやつをあげないで。それでは呼び戻しにならないからです。

アイコンタクトは必須

刺激の多い屋外でもアイコンタクトができるようになると、拾い食いの予防など、あらゆるシーンで役立ちます。毎日のお散歩では、目が合ったらごほうびを与えるのを習慣化して、どんどんワンコからアイコンタクトを自発的にとってくるようにしてください。それを繰り返すうちに、気づけばワンコもほとんど引っ張らずに歩けるようになるでしょう。

引っ張りそうな状態になったら、名前を呼んで飼い主さんに注意が向くようにするのもアリです。これは、呼び戻しとアイコンタクトの合わせ技。覚えたトレーニングを臨機応変に使えば、ワンコと心を通わせながらストレスフリーで楽しいお散歩ができるはずです。

「マテ」より「リーヴ」が望ましい理由

ワンコが対象物に向かう行動を抑止するために「マテ」をさせる方法もあります。ところがこれは、じつはワンコの興奮を高めてしまうので好ましくありません。「近づきたい、食べたい……、でもガマン」という状態よりも、「無視するよ。気にならないもん」という心理状態のほうがワンコは落ち着いていられます。ぜひリーヴを教えて、ワンコのお困り行動の予防に活用してください。

コーギーの明るい性格を活かして、
楽しく快適な生活を送れるように
トレーニングをしてください

クレートトレーニング

移動中の乗り物の中や災害時など、クレートが必要な場面はたくさんあります。「クレートの中は安心な場所だ」とワンコが思えるよう、日ごろからトレーニングしておきましょう。

段階的にクレートに慣らそう

ワンコがクレートに入りたがらないという場合は、「暗くて狭いところに入るのが怖い」と思っているのかもしれません。警戒している状態で無理に入れようとすると、かなりのストレスになってしまいます。クレートの中という空間に少しずつ慣れるよう、段階を踏んでトレーニングしていきましょう。クレートに慣れていればお出かけもしやすいですし、災害時に余計なストレスをかけずスムーズに避難できるなど、メリットがたくさんあります。

〈第1段階〉

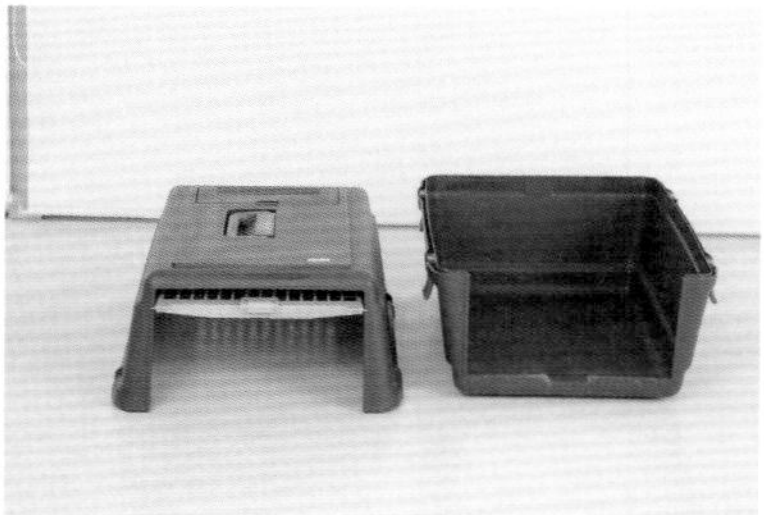

1　上下のパーツが簡単に分かれるタイプのクレートを使います。天井がある狭い空間を嫌がる犬が多いので、まずは天井部分（上側）を取り外します。

2　クレートの中におやつを入れて指で示し、そこにおやつがあることを教えて「ハウス」と声をかけます。

3　犬が中に入っておやつを食べたらほめて、ごほうびとしてさらにおやつを与えます。

memo

「この中に入ると良いことがある」と、ワンコに理解してもらいます。

〈第2段階〉

1 第1段階がクリアできたら、クレートの天井部分を半分だけ乗せ、おやつを中に入れます。

2 「ハウス」と声をかけます。クレートの中を手で示すなどして、犬が中に入るように誘導するのも○。

3 第1段階③と同様に、犬が中に入っておやつを食べたらほめて、さらにおやつを与えます。すぐに出すのではなく、少しのあいだは中にいられるようにします。

〈第3段階〉

1 クレートを本来の形に組み立てて、おやつを中に入れます。

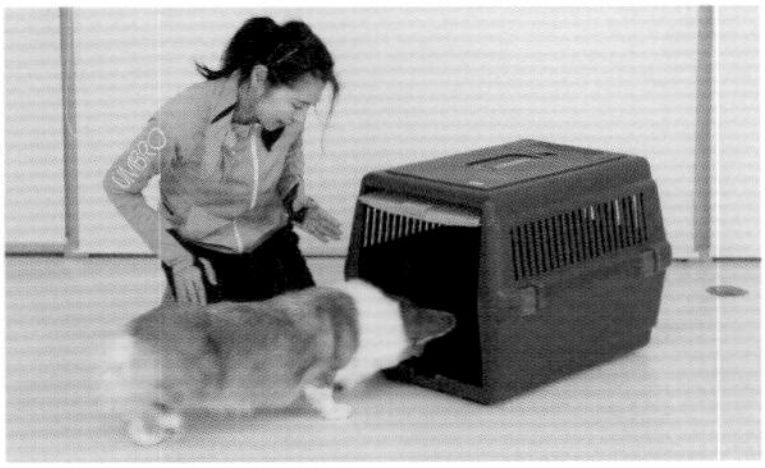

2 「ハウス」などと声をかけます。犬が中のおやつに気づいていなければ、おやつを指し示すなどして教えましょう。

3 第1、2段階③と同様に、犬が中に入っておやつを食べたらほめて、さらにおやつを与えます。少しのあいだそのままでいさせましょう。

〈クレートから出ようとしたら〉

1 おやつを与える

１回だけでなく２～３回おやつを与えて、クレートにいるあいだつねに良いイメージを与え続けるようにしましょう。

2 足でブロック

クレートの出入口を足でブロックし、まだ出てはいけないことを教えます。落ち着いたら再度おやつを与えましょう。

3 残念がるリアクション

もし犬が出てしまったら、「あ、出ちゃったの？」などと言いながらポーズをとって、残念がっていることをアピールします。中にいなければいけなかったことを、犬に理解してもらいましょう。

POINT

犬に自分からクレートに入りたいと思わせるのも手です。おやつを中に入れて扉を閉め、犬に中におやつがあることを教えます。すると、犬が関心を持って自発的に中に入りたがることがあります。

焦らず、着実に

第1～第3段階まで、各ステップを着実にこなしていきましょう。犬が警戒せずに中に入れるようになったら、ステップアップの合図です。無理に次の段階に進もうとすると、かえって恐怖心を抱かせてしまうので注意してください。

問題行動の解決策

ここではコギ飼いさんに多いお悩みをピックアップして、解決につながるトレーニングを紹介します。

おやつはふんだんに使う

しつけを成功させるために必要なのは、「ごほうびのおやつを出し惜しみしないこと」。「オスワリ」や「マテ」といったコマンドをかけてうまくいったとき、おやつをひとつあげるだけで終わらせていませんか？ 人間でも報酬がないとやる気が出にくいのと同じように、犬も十分な報酬がないと飼い主さんの言うことを聞きたいと思わないのです。もちろん、与えすぎによる肥満には注意が必要ですが、1回の成功に対して2〜3回おやつを与えるくらいの心づもりでいましょう。「飼い主さんの指示に従うと良いことがある」と理解しやすくなります。

メリハリをつけてトレーニングする

コーギーは賢い犬なので、やっていいこと、してほしくないことをきちんと教えてあげる必要があります。よくあるケースが、ほめているのかわかりづらいあいまいな反応をしたり、うまくできなくても〝努力賞〟としておやつを与えたりすること。必要以上にハイテンションでほめたり、逆に厳しすぎる態度をとらなくてもかまいませんが、犬が「これはOKなんだ」、「今の行動はしてほしくなかったんだ」とわかるように対応してください。ポイントは「短い言葉ではっきりと伝える」ことと、適度にボディランゲージを使うことです。

犬を興奮させないように注意する

愛犬をほめるとき、わしゃわしゃと犬の顔や体を豪快になでながら「わー！おりこうだねー！」などと大声でほめていませんか？ 確かに犬に正しく伝えるにはわかりやすいリアクションが必要ですが、やりすぎるとかえって興奮させてしまいます。ほめるときは、静かながらはっきり発音することが大切。また、犬の体をなでるときは、背中をゆっくりさするようにしましょう。

激しく吠え続ける

友人が遊びに来たときなどに吠えてしまう、という子におすすめです。

犬自身「どうして吠えているのか」がわからなくなり、「吠えるのをやめたいけれどやめられない」という状態に陥ることもあります。そんなときは、何か軽い刺激を与えると犬がハッと我に返るきっかけになります。

重心を下げて吠えづらくしよう

犬が吠えているときは、立って前のめりの姿勢になることが多いはず。しかし、これは吠えやすい姿勢なので、なかなか吠えやまない原因になるのです。そこで、オスワリをさせて重心を下げる（下半身に持っていく）とかなり落ち着きやすくなります。また、長時間吠え続けていると、

1 犬が吠えたら「オスワリ」のコマンドを出します。お尻を軽く手で押さえて、オスワリの体勢になるようサポートしてもかまいません。

2 ①でオスワリしない場合は、犬の胸に手を当てて少し上を向かせるようにするとオスワリしやすくなります。

3 吠えるのをやめないときは、手をたたいて音を出す、手で軽く犬の体をタッチするなどして、「吠えるのをやめるきっかけ」をつくってあげましょう。

memo

静かになってから声がけすると、言葉と「静かにする」ことがリンクして犬の脳にインプットされます。

4 静かになったら「クワイエット」や「シーッ」などの声がけを。ジェスチャーを加えても良いでしょう。

静かにするためのスイッチとなる言葉は何でもかまいません。ふだんあまり言わないワードを使うと、「この言葉を聞いたら静かにすればいい」と犬が理解しやすくなります

5 おやつを与えて「静かにすれば良いことがある」ことを印象づけます。慣れてくると、「クワイエット」（④でかけた言葉）と言うだけで吠えるのをやめるようになります。

噛みつく

愛犬が噛みついてしまう理由がわからない場合は、このトレーニングを。

愛犬の嫌なことを良いことで上書きする

コーギーが人を噛むシチュエーションでよくあるのが、「遊んでいるオモチャを取ろうとしたとき」や「ブラッシングなどその子が苦手なことをしているとき」です。どちらも犬からしてみれば、嫌なことをされたから「嫌だ！」と伝えているだけ。解決するためには、愛犬が感じているストレスを上回る「良いこと」を提供しましょう。

〈パターン① オモチャを取ろうとすると噛む〉

1　犬が遊んでいるオモチャを手でつかみます。このとき、力を入れて無理やり取ろうとしないように注意。

2　①のオモチャと交換するように、おやつ（もしくはほかに気に入っているオモチャ）を差し出します。

3　犬が完全にオモチャへの執着をなくすまで、おやつを２～３回与えます。

memo

「等価交換」でオモチャを離すメリットを与えてあげましょう。

〈パターン② 苦手なことをすると噛む〉

※ここではコーム（くし）を使ったお手入れを例に挙げます。

1　**おやつを与える**

片手におやつを持って犬に見せ、おやつを意識させます。

2　おやつを与えながら、もう片方の手でコームを持ち、全身を手早くとかします。

嫌なことをしているあいだ、
できるだけ長くおやつに
集中させるのが
ポイントです。

興奮しすぎる

飛びついたり駆け回ったり
しすぎる犬におすすめです。

落ち着きやすい体勢をとらせよう

一度スイッチが入るとテンションが上がってしまう犬は多いもの。あまりにはしゃぎすぎると、足腰の関節を痛めてしまうかもしれません。それだけでなく、コーギーほどのサイズかつパワーのある犬に飛びつかれたら、犬はもちろん人も危険です。落ち着かせるためには冷静になる体勢、つまりオスワリをするよう誘導するのがベストです。

1 犬が飛びついてきたら、犬の顔の前に両手を出してブロックし、それ以上人の体に体重をかけられないようにします。

memo

その位置より上に体重をかけられないので、押し倒されるのを防げます。

memo

強く押し返すと危険なので、あくまでやさしく。手を前に出すことで、犬が距離を取ろうとして自然と体が飼い主さんから離れるイメージで。

2　①で出した両手をそっと前に出し、犬の体を軽く押し返します。

POINT

飛びつきはしなくても興奮状態で走り回っている場合は、飼い主さんがしゃがみ、飼い主さんの前に犬が来たときに①〜③の動作を行います。

3　オスワリをさせ、ほめておやつを与えます。すぐに動き回らないよう、オスワリしている時間を長くするためにおやつは２〜３回与えましょう。

ついつい盛り上がってしまうこともあるので、うまくクールダウンさせてください

Part4
コーギーの お手入れとマッサージ

美しい被毛をキープするには、日々のお手入れが欠かせません。体のお悩みに合ったマッサージも取り入れて、健康維持に役立てましょう。

お手入れの基本

**コーギーの健康と美しさを保つため、
お手入れの基本を学びましょう。**

コーギーの毛は、外側の硬くて太いオーバーコート（上毛）と、内側の細くてやわらかいアンダーコート（下毛）の2層構造になっています。お手入れでとくに大切なのが、アンダーコートを取りのぞくこと。おうちで愛犬をシャンプーするときに、ブラッシングしないでいきなり体を濡らしていませんか？ お湯で流してもアンダーコートは取れません。ブラッシングせずに洗うと、抜けた毛がからまり合って、オーバーコートの根元にたまります。そのため、そのままドライヤーをかけても、根元までちゃんと乾かないのです。生乾きの毛をそのままにしておくともつれたまま固まるし、皮膚が蒸れてしまいます。シャンプー前にはきっちり余計なアンダーコートを取りのぞくようにしましょう。

　そして、「短毛だから自然乾燥でいい」ということはありません。シャンプーの後はちゃんとドライヤーで乾かしましょう。愛犬にいつもピカピカでいてもらえるよう、これから紹介するお手入れの基本をしっかり押さえてください。

ブラッシング

抜け毛をしっかりキャッチしてくれるスリッカーブラシがおすすめです。

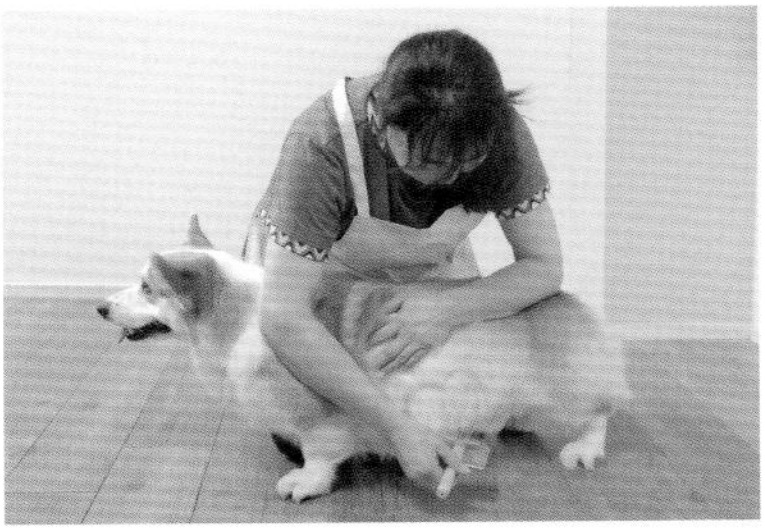

1 ボディをとかします。上からかぶさる毛を持ち上げて押さえ、毛の根元からスリッカーを当てて毛の流れに沿ってとかします。

全身とかせば、
どこから始めても大丈夫です

2 押さえていた毛を少しずつ下ろし、体の上のほうもとかしていきます。

3 太もものあたりは、抜け毛がたまりやすいところ。とくにていねいにとかします。

4 首回りをとかします。首輪や洋服を着たりする場合は、摩擦で毛がもつれやすいのでていねいに。

5 あごを軽く押さえ、のど～胸をとかします。

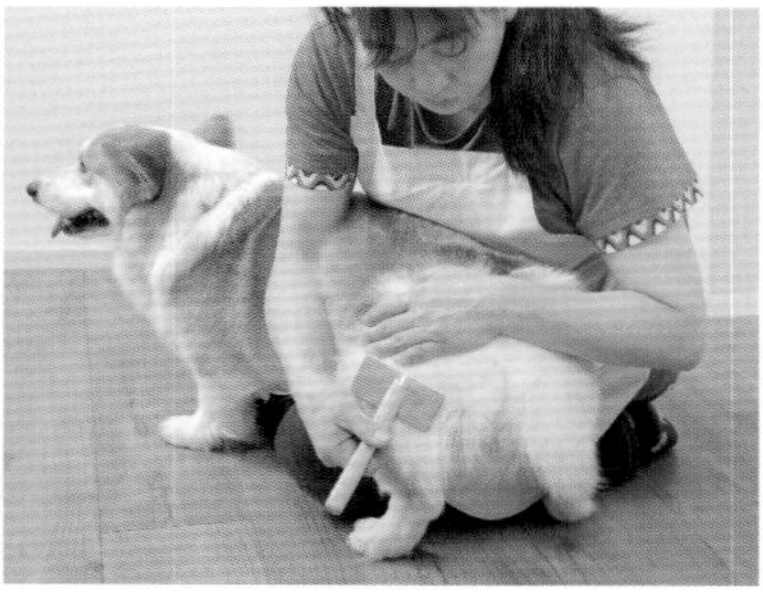

6 ボディと同様に、上からかぶさる毛を押さえながらお尻をとかします。

7 お腹をとかします。ワンコを立たせて上からかぶさる毛を押さえ、体の左側・右側からそれぞれスリッカーを入れてとかします。

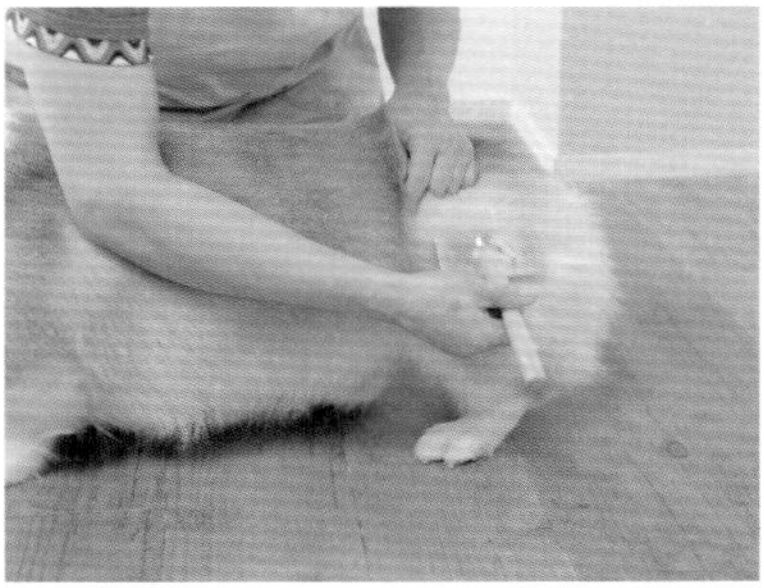

8　お腹を出せる犬は、横向きに寝かせてとかします。上になった側の足を軽く持ち上げ、毛の流れに沿ってとかします。

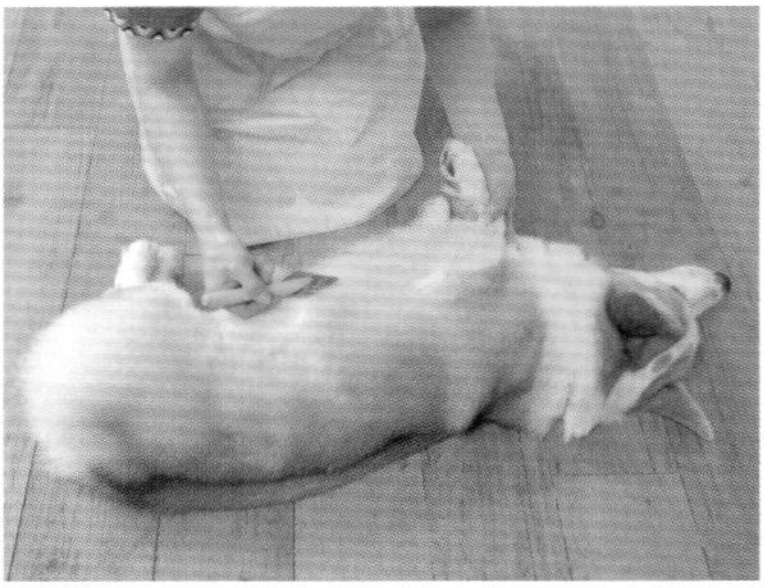

9　足をとかします。スリッカーを軽く当て、毛の流れに逆らうようにとかします。

10　スリッカーが引っかかるところがあったら、いったんピンを抜き、同じ部分を小刻みにとかしましょう。

コーミング

コームでとかし、毛が引っかかるところがないか確認しましょう。

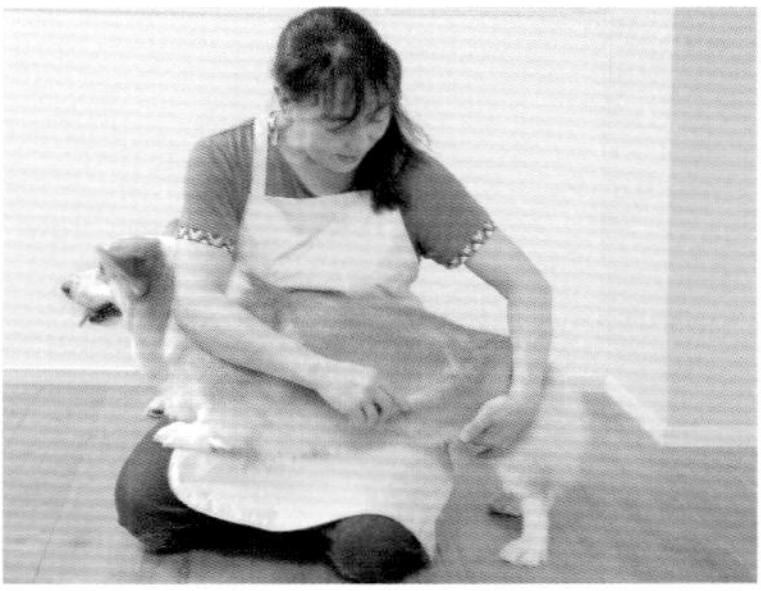

1　ボディにコームを入れ直します。コームは軽く持ち、力を入れずに毛の流れに沿って動かしましょう。

2　抜け毛がたまりやすい太ももは、コームでもていねいに。

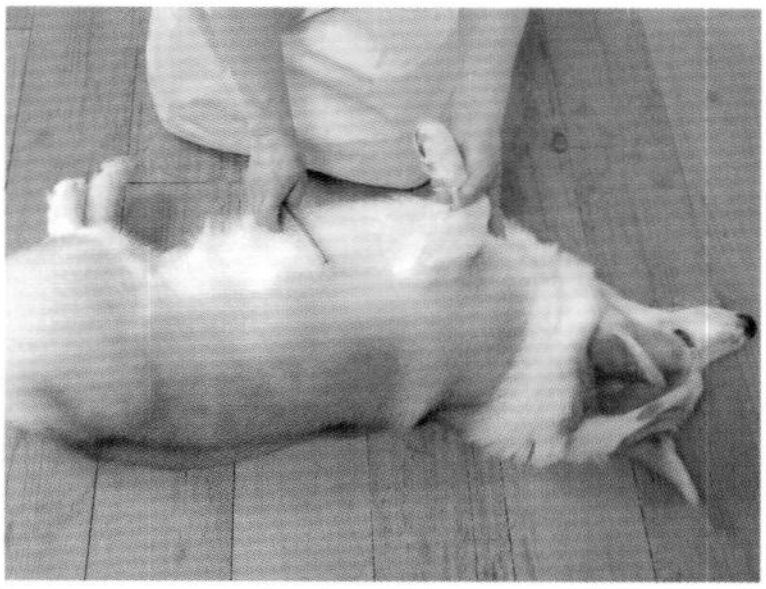

3 お腹にもコームを入れます。脇や内股まで、ていねいに。

4 首～胸をコームでとかします。毛が短い頬のあたりも軽くとかしておいても良いでしょう。

5 お尻をとかします。まずは、左右の膨らみの部分をとかします。

POINT

コームが引っかかったら、いったんスリッカーでとかしてからコームを入れ直します。

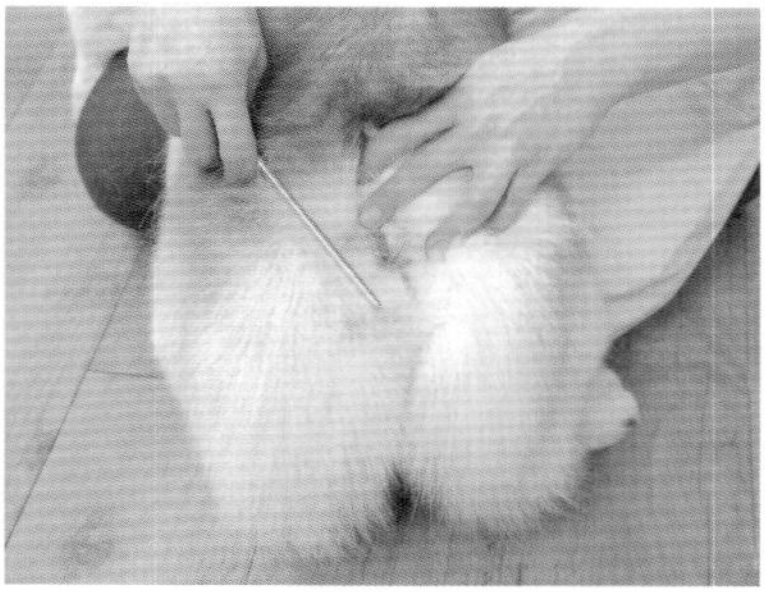

6 お尻の後ろ側は、肛門にコームの歯を当てないように注意。肛門の両脇からコームを入れるようにします。

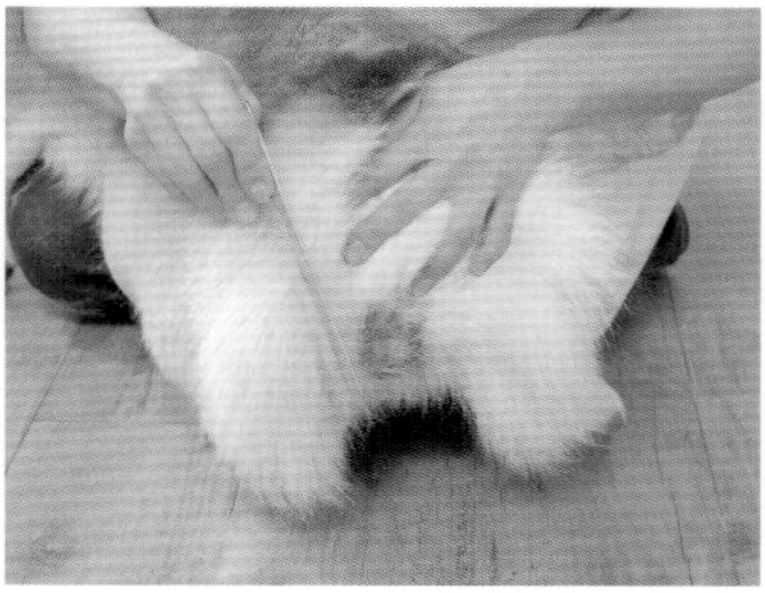

7 性器周りも、薄くてやわらかい皮膚を傷つけないように注意しながらとかします。

シャンプー&ブロー

1か月に1回程度行いましょう。

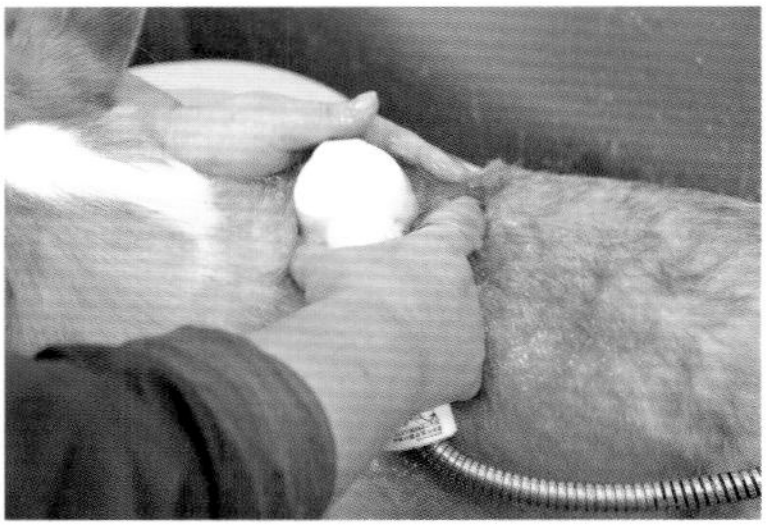

1 ベビーバスや深さのあるたらいなどに犬を入れ、しっぽ側からシャワーでぬるま湯（37～38℃程度）をかけていきます。水はねや音で怖がらないよう、シャワーヘッドは犬の体に密着させます。

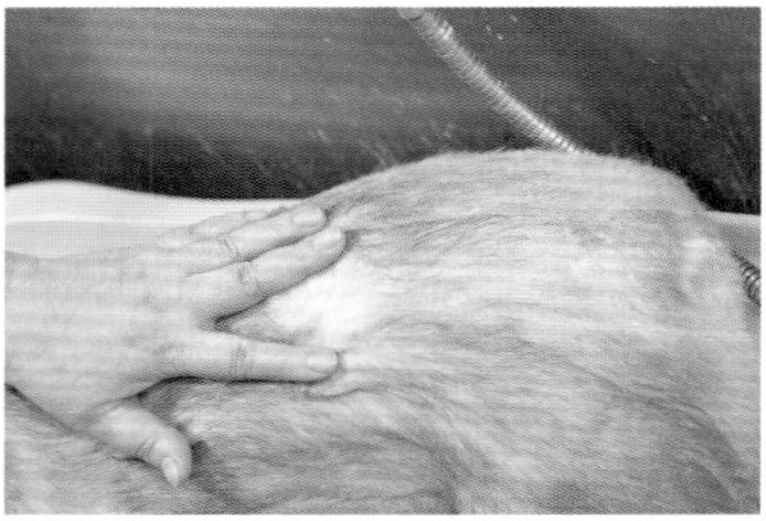

2 毛の表面しか濡れていないと、シャンプーが泡立ちません。毛を根元から分けてチェックし、乾いた部分が残らないようにしましょう。体の下側は、たまったお湯で十分に濡らすことができます。

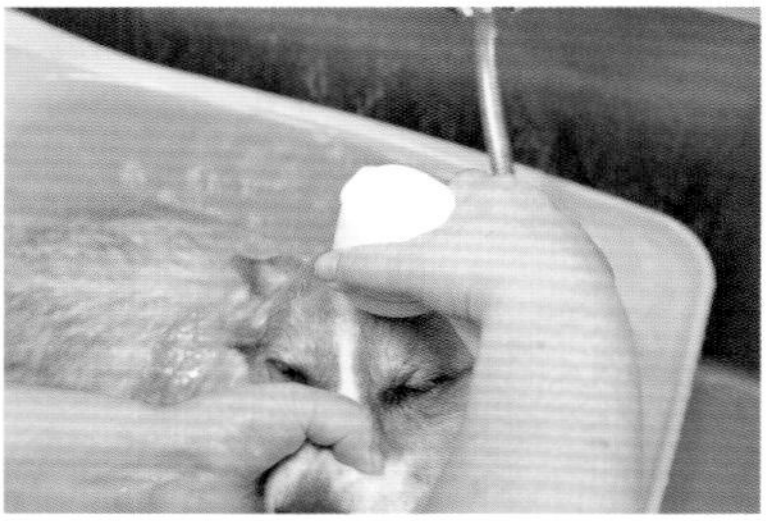

3 最後に顔を濡らします。鼻に水が入らないように注意しながら頭の上から後ろへ、そして目の下から頬、首へとお湯をかけていきます。

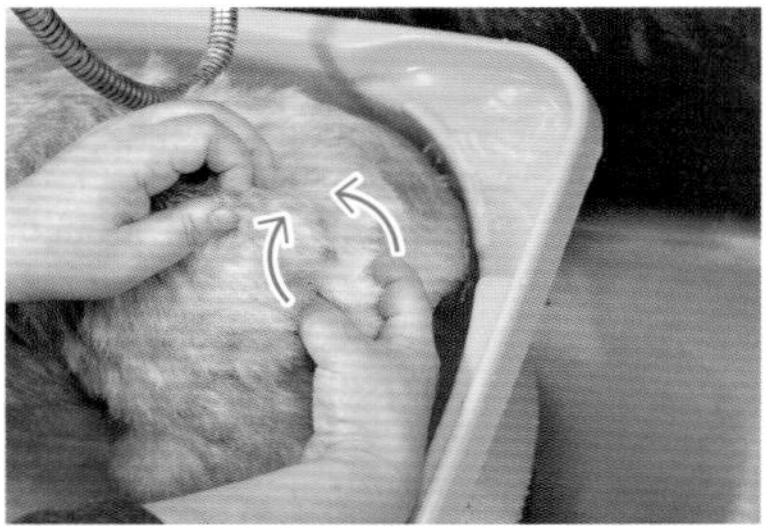

4 肛門腺を絞ります。右手の親指と人さし指をしっぽの幅で肛門の斜め下に当て、下から上へ強く押し上げるように絞ります。

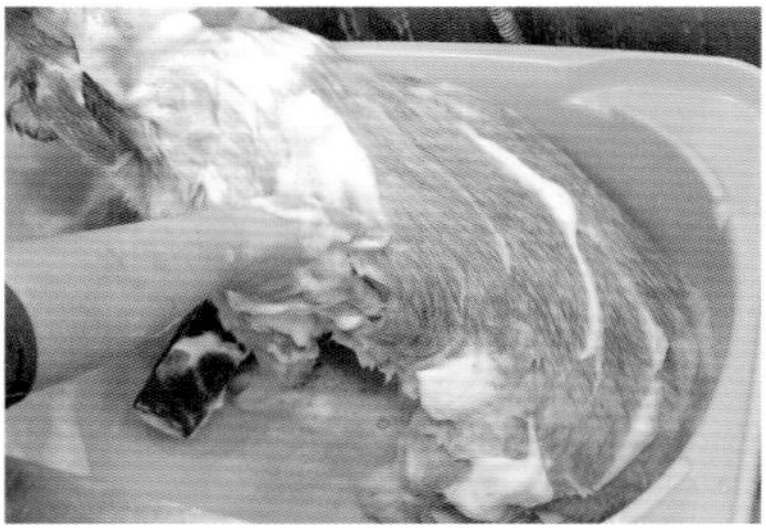

5 薄めて泡立てたシャンプーを体に付け、全身を洗っていきます。伸ばした人さし指～小指の腹を犬の皮膚に当て、円を描くようにマッサージしながら洗いましょう。指のあいだは、親指の腹で軽くこすります。

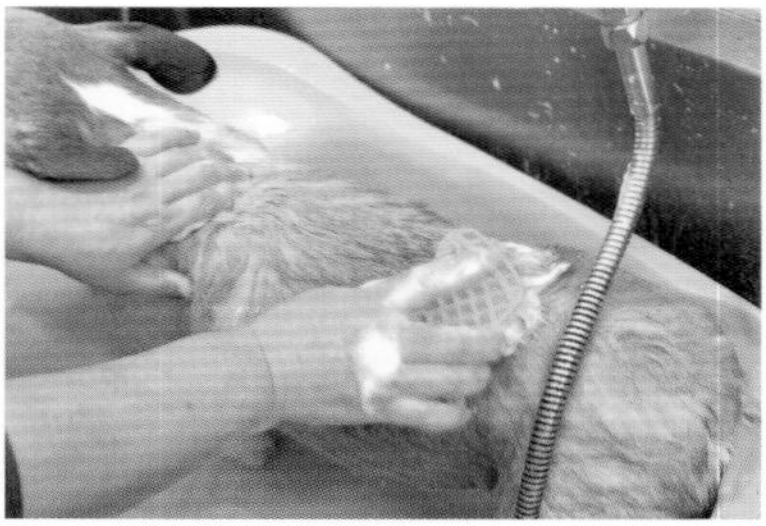

6
体をひと通り洗い終えたら、ラバーブラシで軽くとかします。マッサージ効果がある上、不要なアンダーコートを取ることができます。

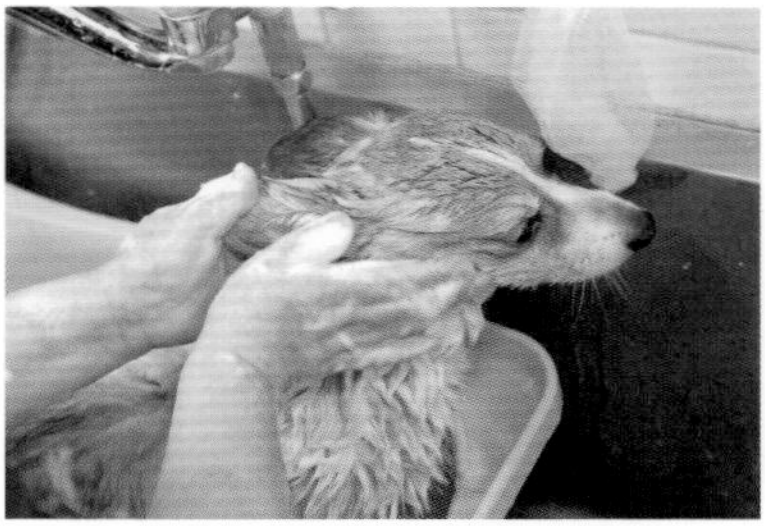

7
最後に頭に泡を付け、頭や頬、口の周りなどを洗います。耳は表・裏両方で中心から外側へ向けて、親指の腹でこすり洗いをします。

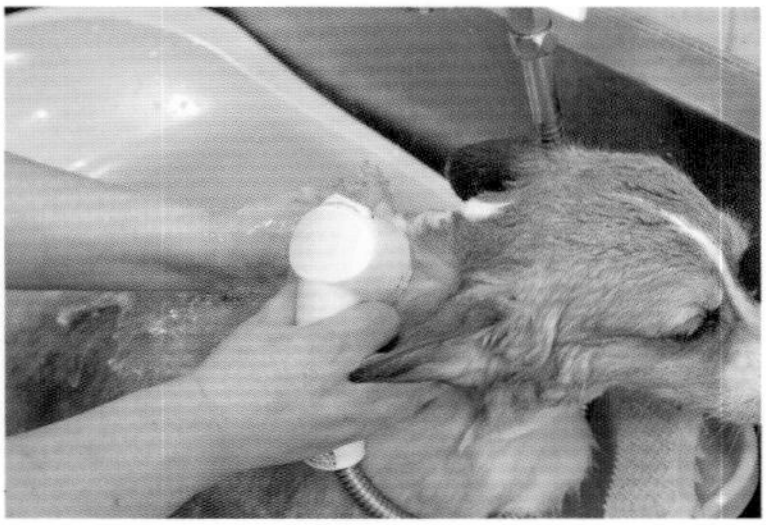

8
ベビーバスのお湯を抜きながら、皮膚にぬるつきがなくなるまでシャワーで十分にすすぎます。

POINT

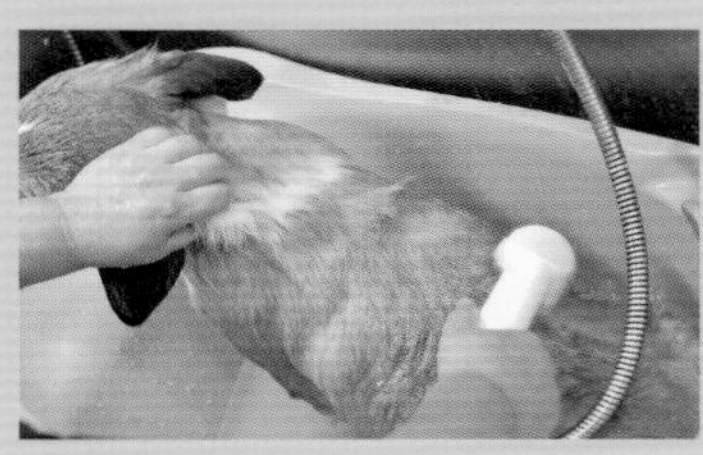

犬が「プルプル」をするのを止めたいときは、首の後ろ（人で言ううなじ）をつかみます。プルプルで水気を飛ばしてほしいときは、耳の穴に息を吹き込んでみましょう。

9
吸水性の高いタオルで全身をふきます。タオルの上から毛を握るようにして、根元から水分を取りましょう。タオルドライをていねいにすると、ドライヤーの時間を短縮して犬の負担を減らすことができます。

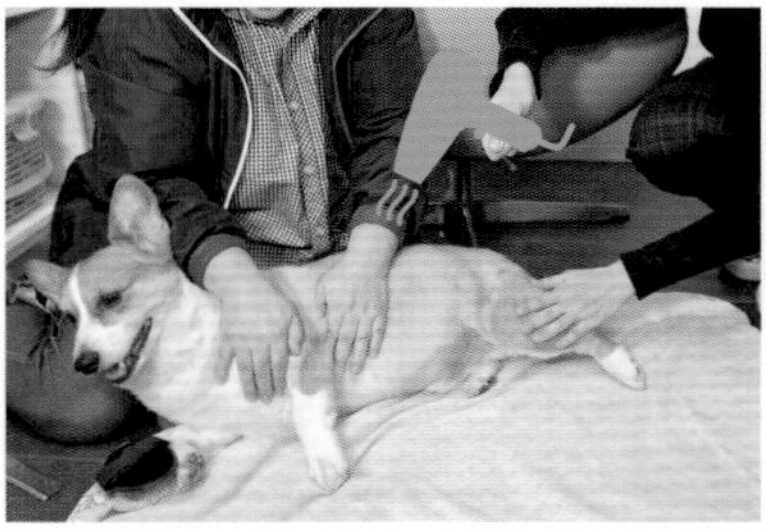

10
ドライヤーで乾かします。自宅ではひとりが体を押さえ、もうひとりがドライヤーをかけるようにします。

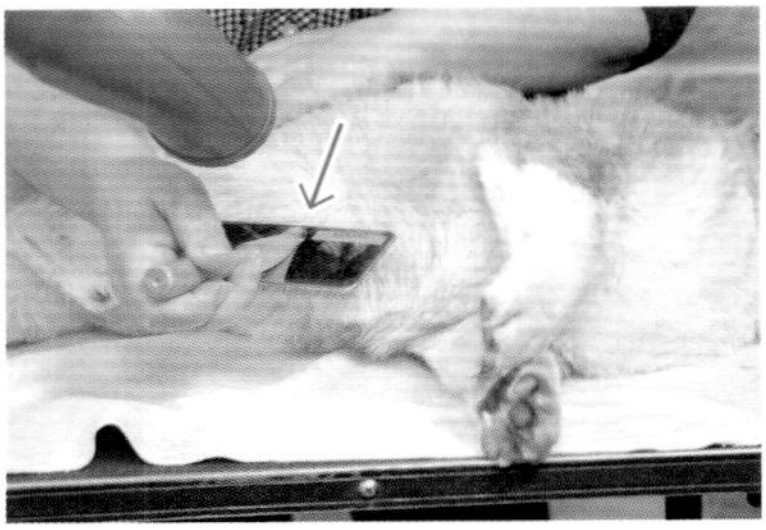

11 冷え防止のため、犬を寝かせてお腹から乾かします。風を当てながら、スリッカーまたはコームで下から上へ毛を上げ、毛の流れに沿ってとかします。

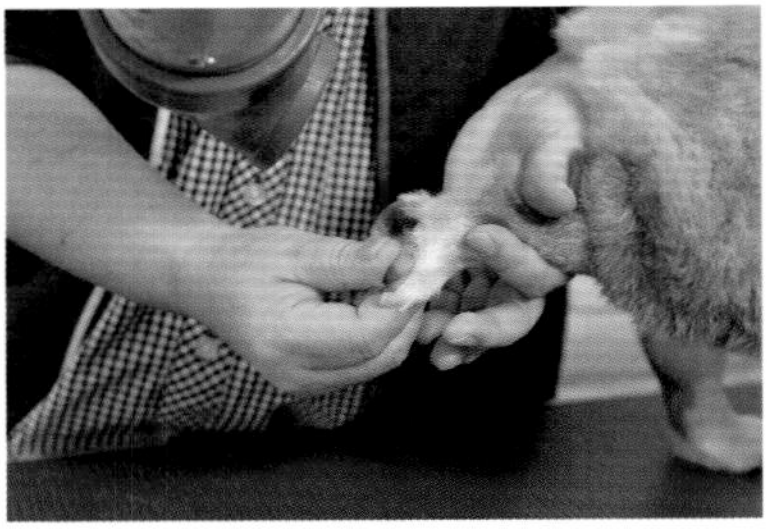

12 指のあいだは湿り気が残りやすいところ。指を開かせ、親指の腹で軽くこすりながら風を当てます。

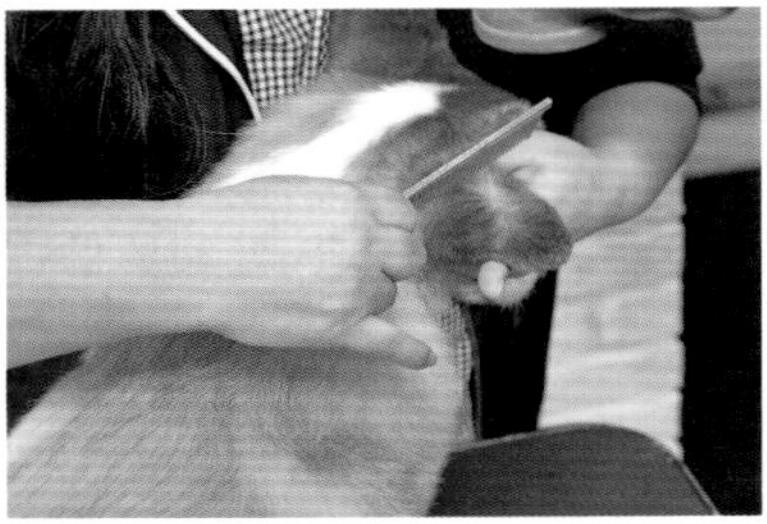

13 耳の表側は、耳を手のひらの上に乗せ、コームで下から上に持ち上げるようにとかした後、毛の流れに沿ってとかし直しながら、弱い風を当てます。

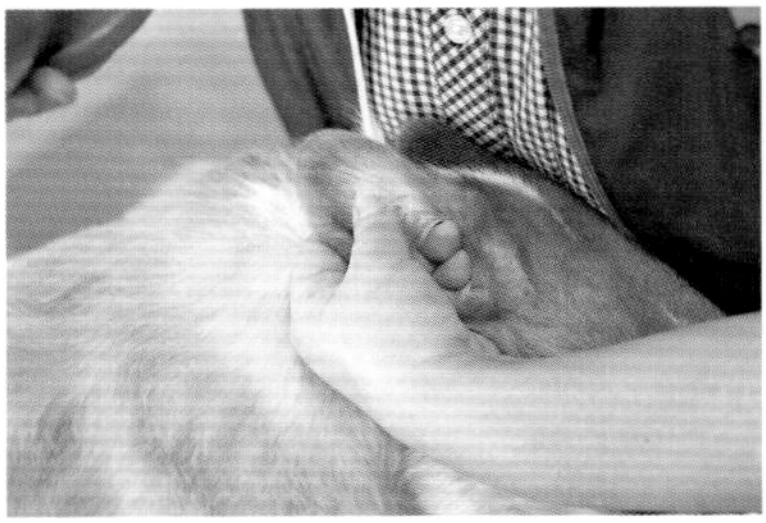

14 耳の裏側は、中指と薬指で耳を挟み、親指で耳の穴をカバーした状態で風を当てながらとかします。

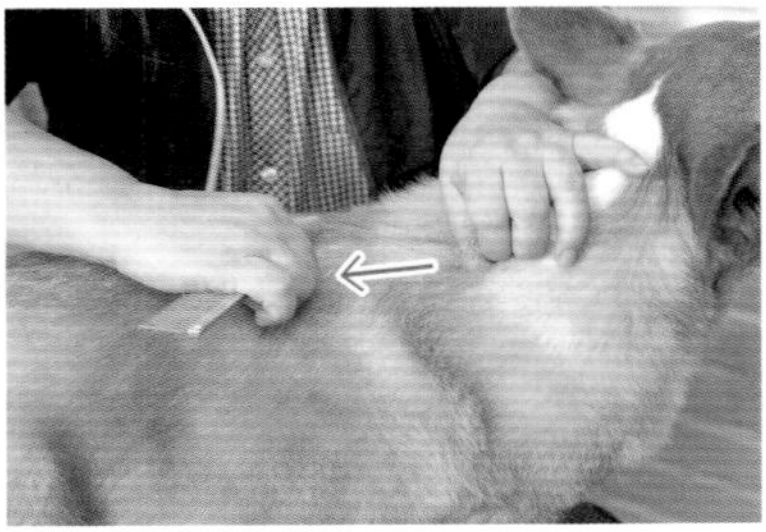

15 乾いたら風を止め、コームで全身をとかします。毛の流れを整えた後にコームを体に平行に当て、手前に引くように数回とかしてアンダーコートを取ります。

memo

おうちでは、一度洗いで済ませたほうが犬に負担がかからないので、シャンプーはトリートメントなどがいらないものを選ぶのがおすすめです。

耳掃除

シャンプーの前後に行いましょう。

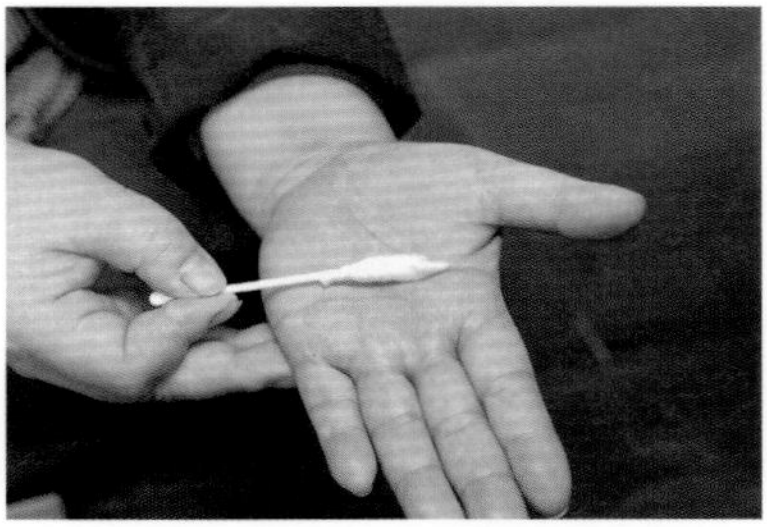

1 コットンを薄く広げて綿棒の先に巻き付け、イヤーローションを付けます。

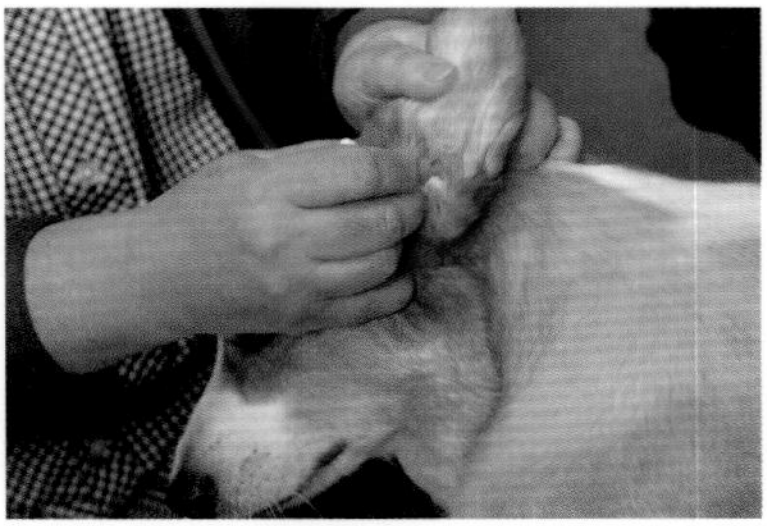

2 ①の綿棒を耳の穴に真っ直ぐ入れて軽くふきます。犬の外耳道はL字型になっているので、鼓膜を傷つけません。

memo

シャンプー後に行う場合は、イヤーローションを付けずに同じケアをしてください。

爪切り

1〜2週間に1回程度行います。

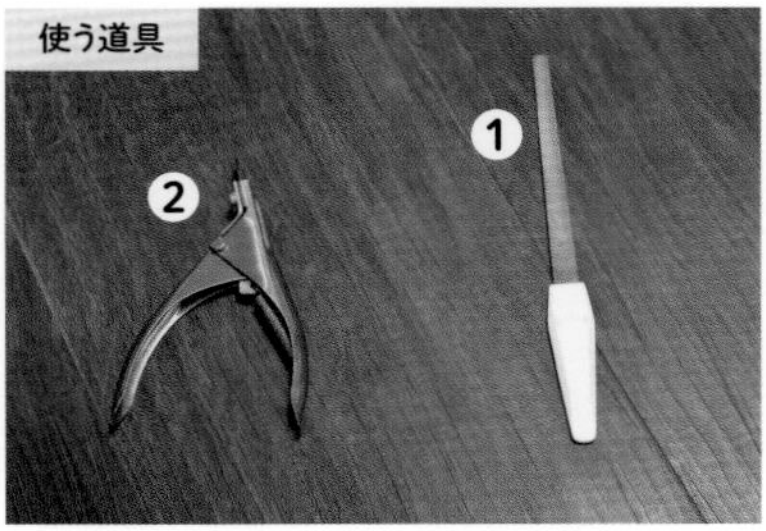

①ヤスリ
②爪切り

犬が立っているとつい前足を
持ち上げて、腰に負担が
かかってしまいます

犬を横向きまたは仰向けに寝かせて行うのがベスト。横向きの場合は、犬の首に飼い主さんの腕を乗せて軽く押さえると、犬が動きにくくなります。

POINT

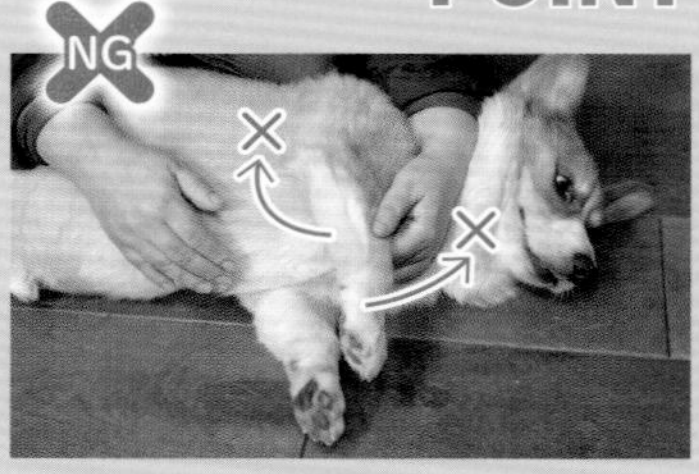

足を伸ばしたまま無理に前後に引っ張ったり、体の外側へ上げたりすると肩の関節を痛めてしまいます。

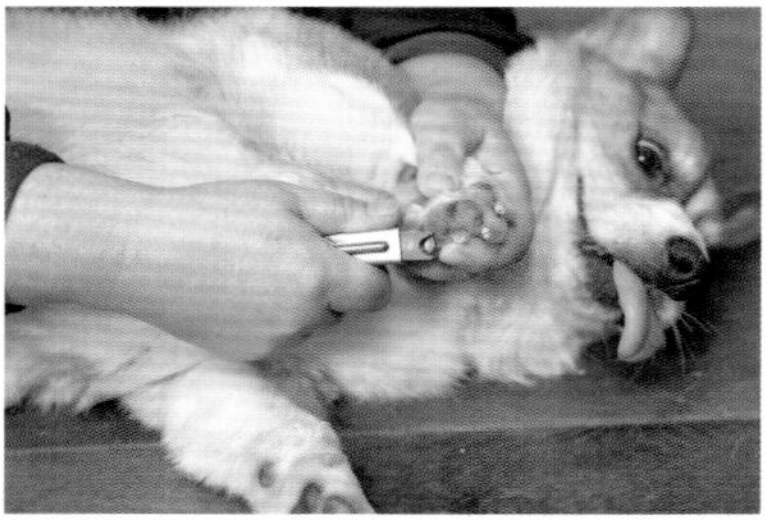

1 前足を曲げ、肉球を上下から挟んで軽く押し、指が開いた状態で切っていきます。

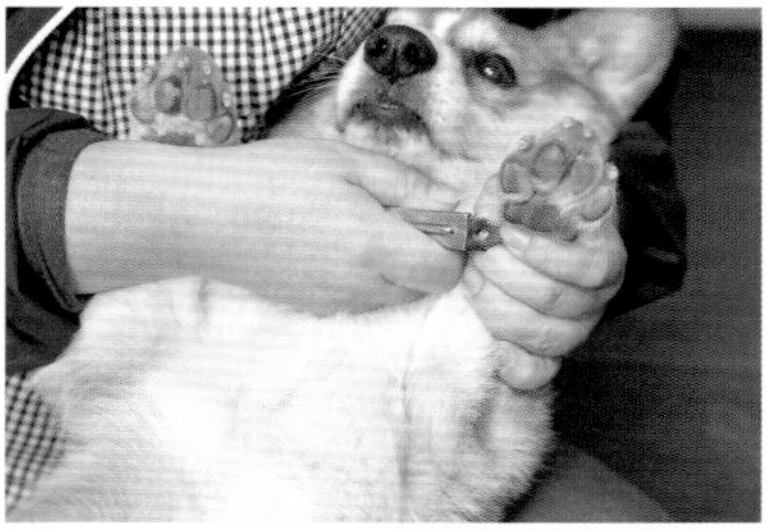

2 地面に着いていない爪（狼爪《ろうそう》）も忘れずに。

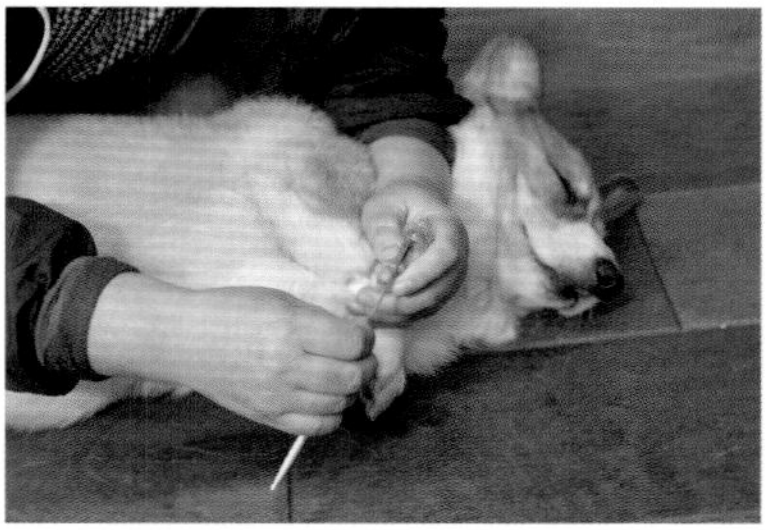

3 切り口の角を落とすようにヤスリをかけます。爪切りが苦手な犬なら、こまめにヤスリをかけるだけでも十分です。

※後ろ足はお散歩ですり減っていることが多いので、伸びていなければ切らなくても大丈夫です。

お散歩後のお手入れ

お散歩後は足だけでなく、お腹も汚れやすいのが
短足であるコーギーの宿命。
正しい手順で、ていねいにケアすることが大切です。

〈基本のポーズ〉

後ろ足をふくときはワンコの膝を曲げ、真後ろへ足を上げます。

足をふく

足や肘、手首は
外側へ引っ張らないよう
注意してください。

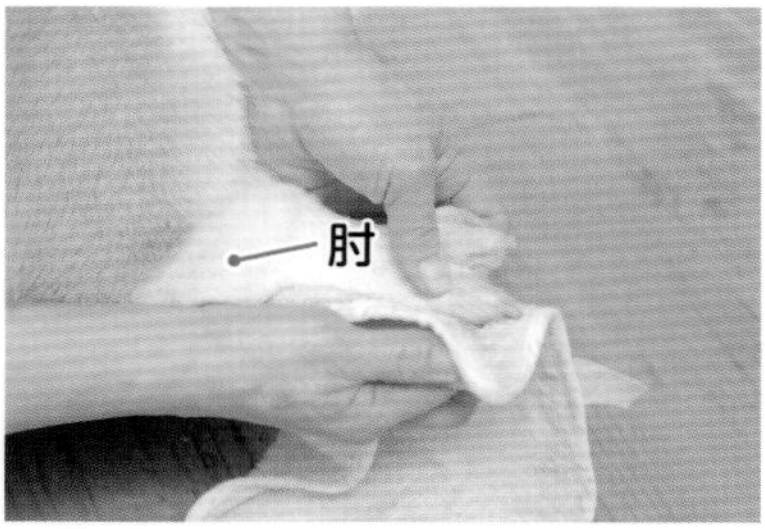

前足の表側をふくときは、足を真っ直ぐ前へ上げます。足を肘より高く上げないように注意。

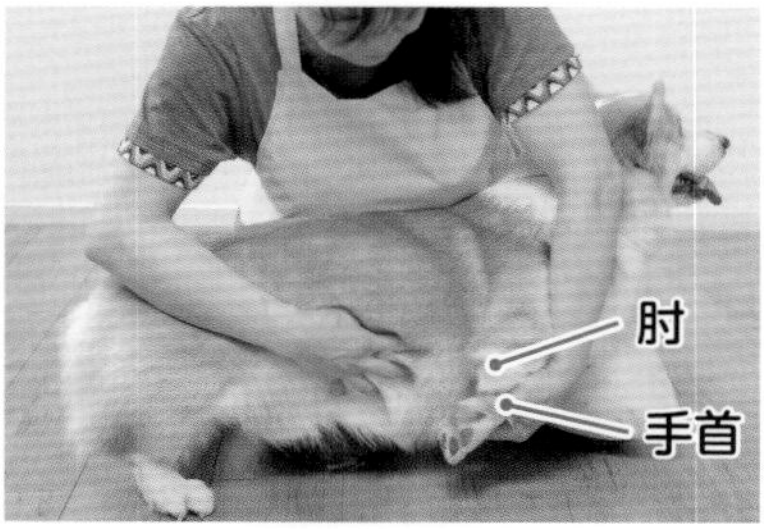

前足の表側をふくときは、足を真っ直ぐ前へ上げます。

〈ふき方の基本〉

① ぬるま湯や水で濡らして固く絞ったタオルや、ペット用のウェットシートで汚れをふきとります。

② 水気が残らないよう、①でふいた部分を乾いたタオルでやさしくふき直します。

〈ふき方のポイント〉

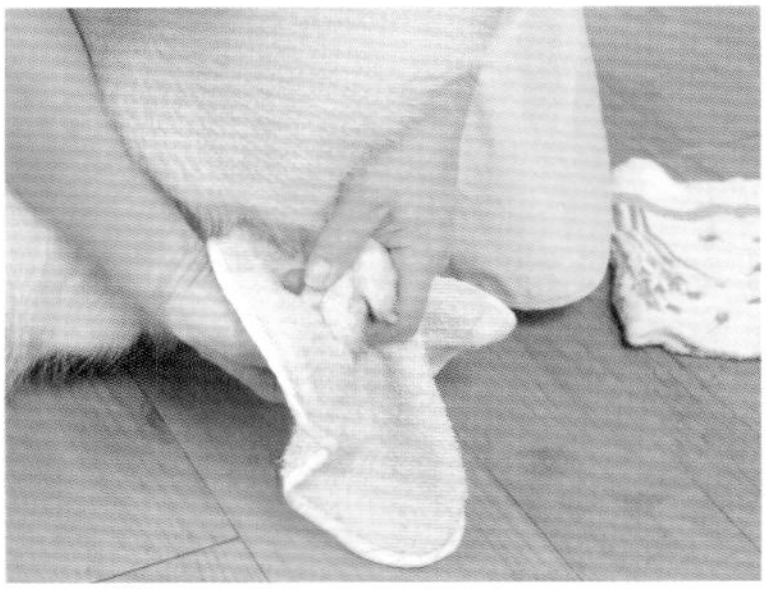

指のあいだや爪の生えぎわも忘れずに。水気が残りやすいので、空ぶきはとくにていねいに。

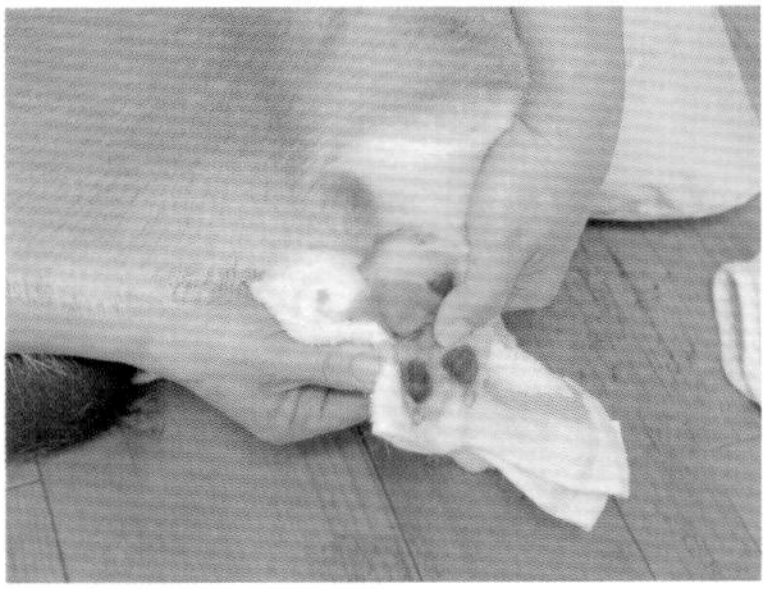

肉球の表面だけでなく、あいだまできちんとふきます。

お腹をふく

足をふくとき、お腹も一緒に
ふいてあげましょう。

1 胸のあたりをしっかり抱えて押さえます。前後の足のあいだから手を入れ、ぬるま湯や水で濡らして固く絞ったタオルやペット用のウェットシートで、胸の下〜お腹をふきます。

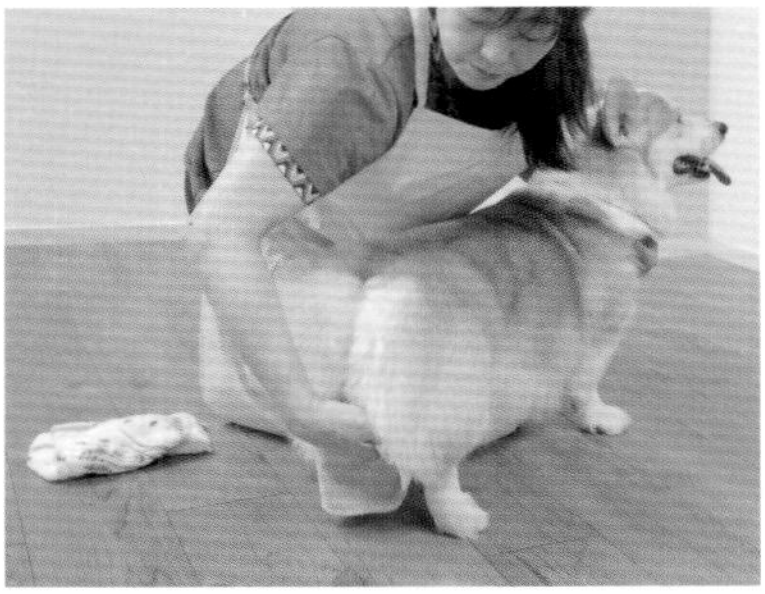

2 左右の後ろ足のあいだから手を入れ、内股をふきます。

3 前足を片方ずつ軽く持ち上げ、脇をふきます。①〜③でふいた部分を、乾いたタオルでふき直します。

歯みがき

愛犬の歯と歯ぐきを守るには、毎日のケアが欠かせません。コツをつかんで、コーギーの口の健康を守りましょう。

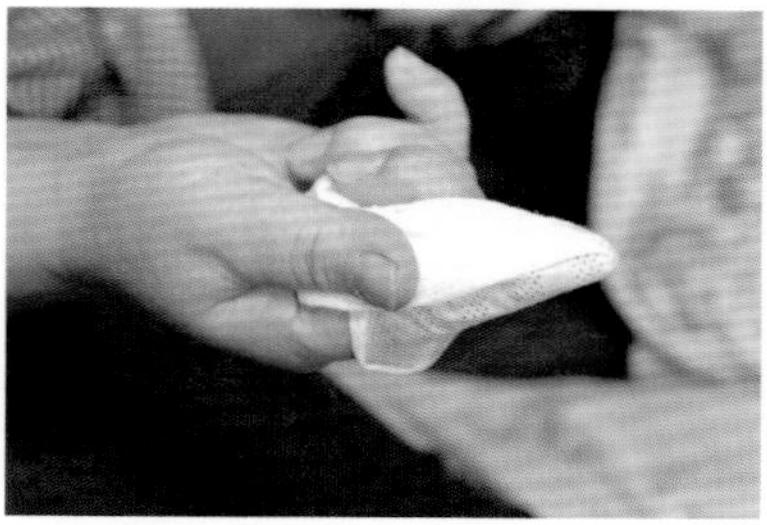

歯みがきシートで

シートを人差し指に巻き、上唇をめくって歯の表面を軽くこするようにふきます。

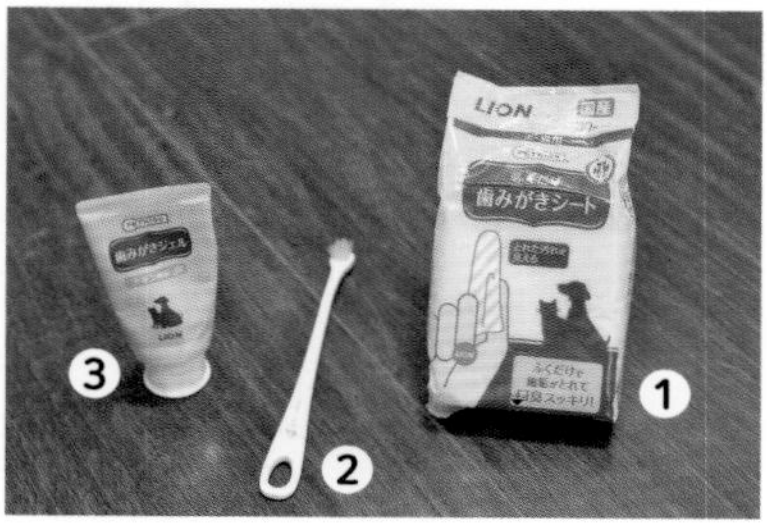

使う道具

①歯みがきシート
②歯ブラシ
③歯みがきジェル

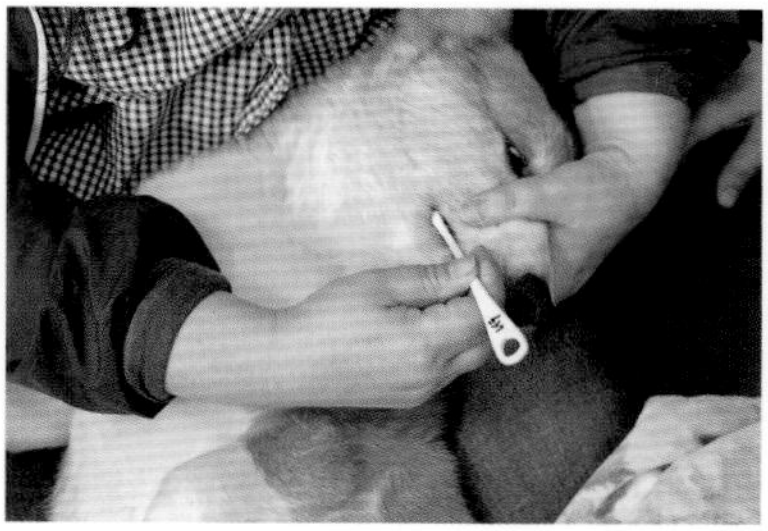

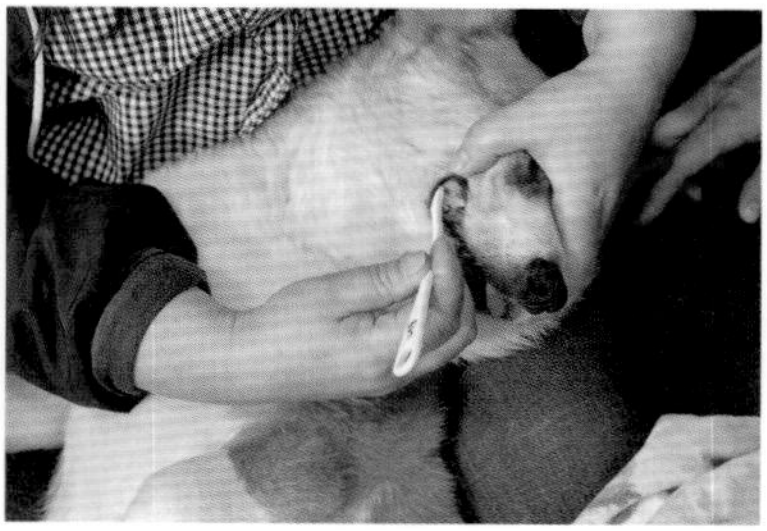

歯ブラシで

上唇をめくって歯ブラシを奥歯に当てます。唇を戻して、歯ブラシを軽く前後に動かします。奥歯から前歯へ、ブラシを少しずつずらしながらみがきましょう。

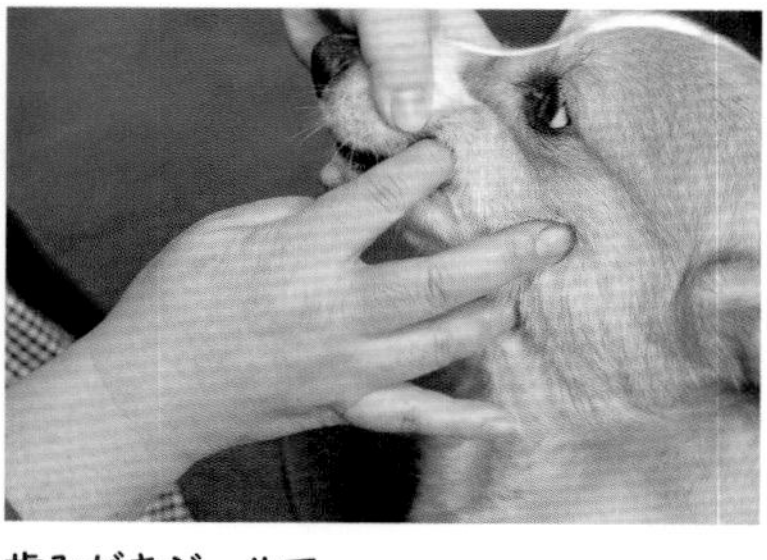

歯みがきジェルで

歯みがきがどうしても苦手なら、歯垢予防効果のある歯みがきジェルを指に付け、就寝前に歯や歯ぐきに塗っておきましょう。

コーギーのためのマッサージ

**マッサージは健康維持やスキンシップに
効果的といわれています。
コーギーが癒される“ツボ”を押さえましょう。**

マッサージというと「体の調子が悪くなってから頼るもの」というイメージがあるかもしれません。しかし、若くて元気でも偏った姿勢や動き方をしていると負担がかかり続け、症状が現れたときには手遅れ……なんてことにも。とくにコーギーは生まれつき立ち方・歩き方にくせが出やすいので、早めに正しい姿勢とバランス感覚を身につけるのが大事。マッサージでその手助けができるのです。

**キーワードは
「元気なうちから」**

体の衰えや突然の病気を
防ぐ効果が期待できます。

〈マッサージでできること〉

① 姿勢やバランスを整える

偏った姿勢や筋肉の動かし方がくせになると体に負担がかかり、加齢とともにトラブルを起こしやすくなります。若いうちから姿勢とバランスのずれを修正してあげましょう。

② 体を動かしやすくする

首や前足などよく使う部位の筋肉ほど疲労がたまり、硬くなってしまいがち。連動している周りの筋肉とともに、こまめにほぐしましょう。

③ 健康キープに役立つ

マッサージは筋肉のコリをほぐすだけでなく、リンパの流れや栄養吸収にも良い影響があるとされます。体をチェックすることで、足の麻痺などの病気の早期発見にもつながります。

コンディションを確認する

犬の立ち方や歩き方を見て、
バランスの崩れがないか
確認します。

上腕頭筋（目尻〜首〜前足の付け根あたりの筋肉）

ここをほぐすことで、首の動きがスムーズに。

上半身

広背筋〜僧帽筋〜上腕筋をまんべんなくほぐすことで、上半身のバランスをキープ。

下半身

下半身を正しい姿勢に保つには、腰や後ろ足の付け根を刺激して仙骨を立たせることが必要です。

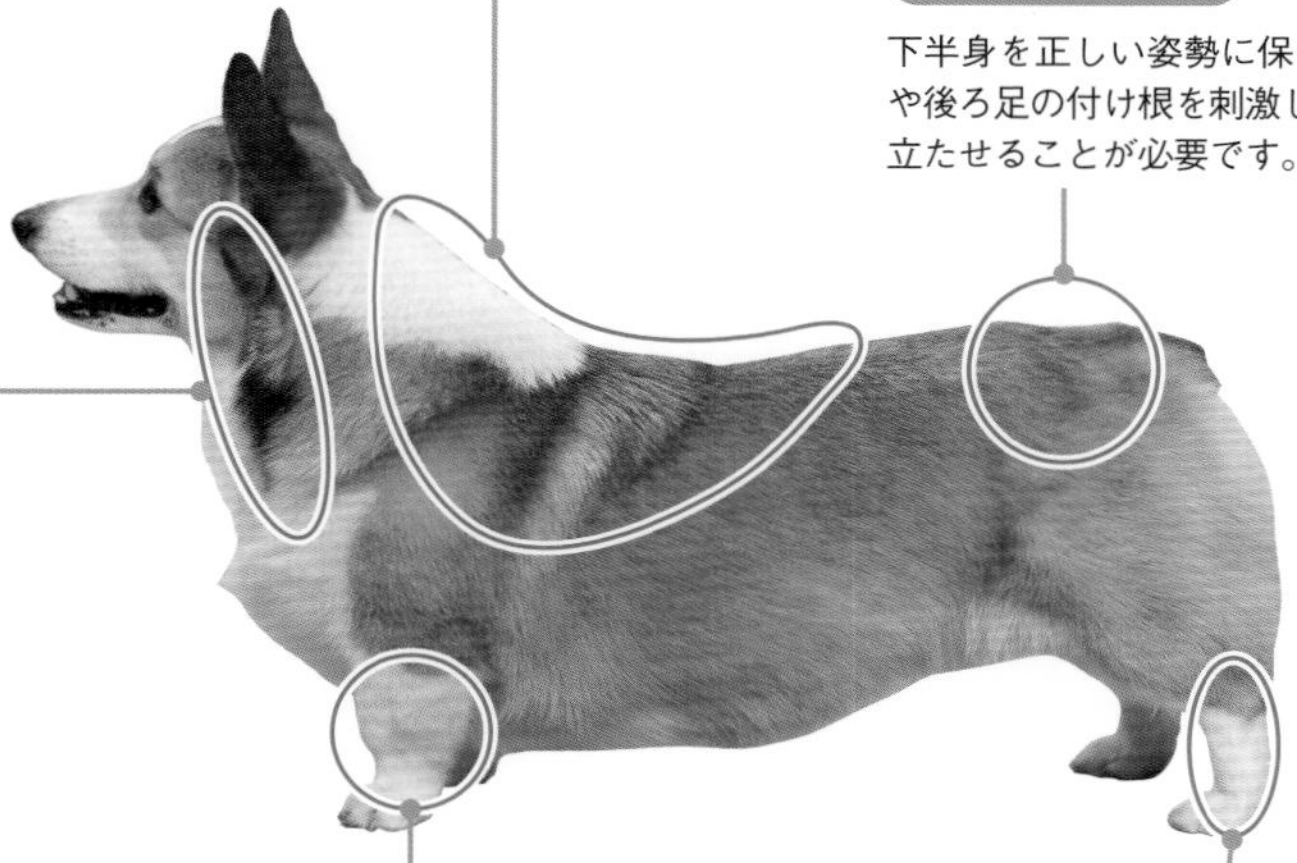

前足

体重の6割がかかる重要な部位。足先にある橈骨《とうこつ》と尺骨《しゃっこつ》という骨の位置と角度を正しく保つことが大切。

後ろ足の筋肉

コーギーに多い変性性脊髄《せきずい》症（DM）では、後ろ足から麻痺していきます。そのサインがないか気をつけて、かかとを真っ直ぐに伸ばして動かしやすくしましょう。

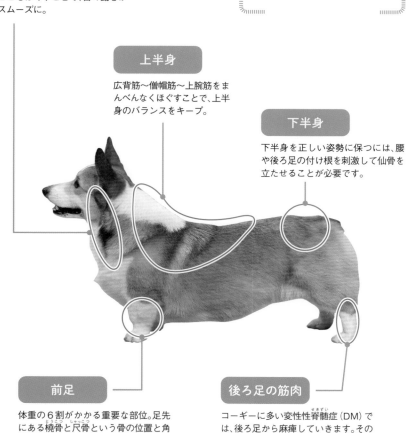

足のチェックポイント

気になるところがあったら、早めに動物病院を受診しましょう。

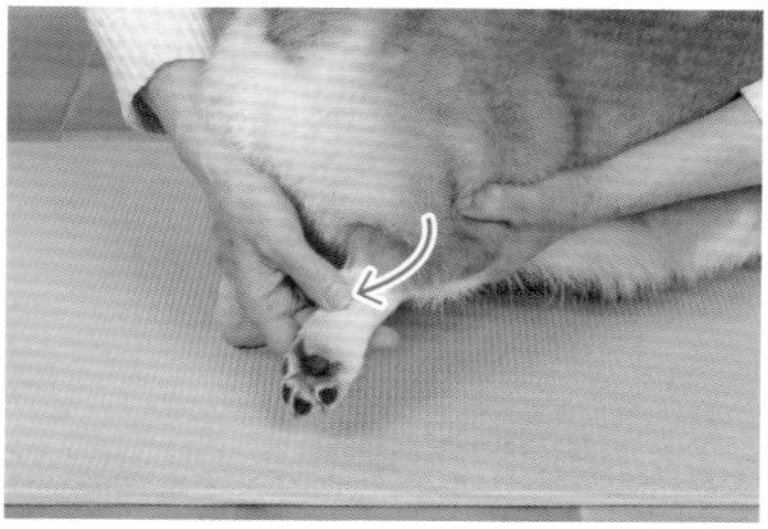

犬が立った状態で後ろ足を後方へ持ち上げて手を離します。

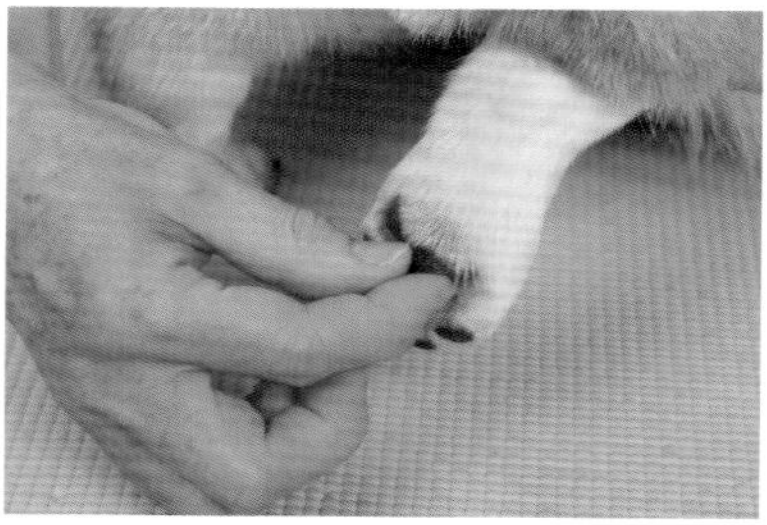

同様に、肉球をつまんでみてあまり痛がらないようなら麻痺しているかもしれません。

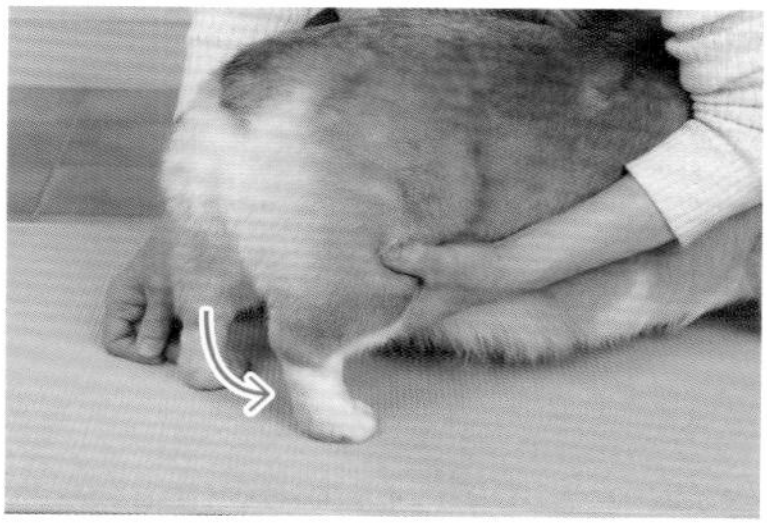

通常はすぐ元に戻ります。戻らないときは麻痺の可能性があるので、なるべく早く動物病院へ。

骨・関節系の
病気では後ろ足から
麻痺が始まるので
要注意です

歩くときにお尻を左右に大きく振る、ぴょこぴょこ跳ぶように歩く、足を引きずるなどのサインが見られたら、どこかの足にトラブルを抱えている可能性大です。

マッサージの基本

部位ごとの筋肉のほぐし方・
バランスの整え方を紹介します。

用意するもの

床にヨガマット（またはバスタオル）を敷き、その上で行いましょう。全身のバランスを整えるときなどはフェイスタオル（中央）も使います。

〈注意するポイント〉

□ 筋肉のつながりを意識する

トラブルのある部位と離れたところに原因があり、そこをほぐすことで回復する場合があります。

□「体に道筋をつける」イメージで

正しいやり方で力を加えれば、筋肉や筋膜に沿って全身に良い流れができ、全体的な調子を整えられます。

□ 順番や回数は臨機応変に

手順や回数は変更してもOK。どの部位がどんな状態かを見て、必要そうなタイミングで行いましょう。

姿勢のゆがみを直す

姿勢が直るまで
毎日行いましょう。

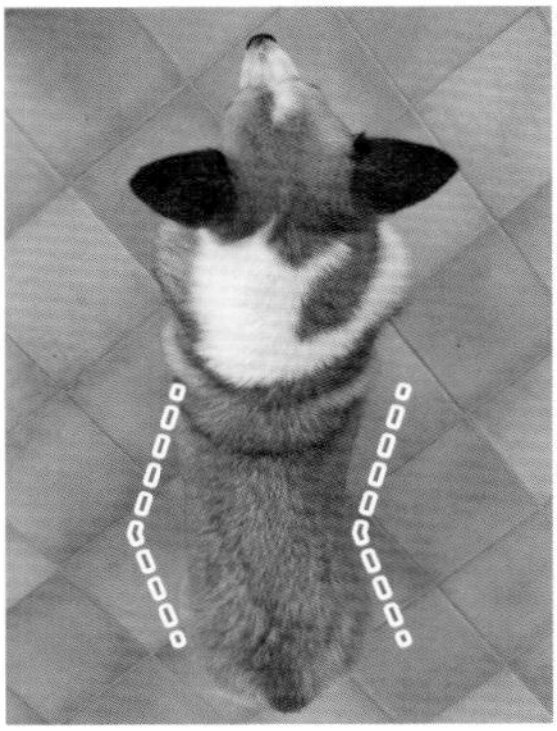

犬の体を上から見て左右どちらかに傾いて（くの字になって）いたら、タオルを使って真っ直ぐに戻していきます。

1 犬のお腹の下に通したタオルの両端を持ち上げ、小刻みに揺らしながら背線(後頭部～背中の中央を通る線)を中心に左右対称になるように動かします。

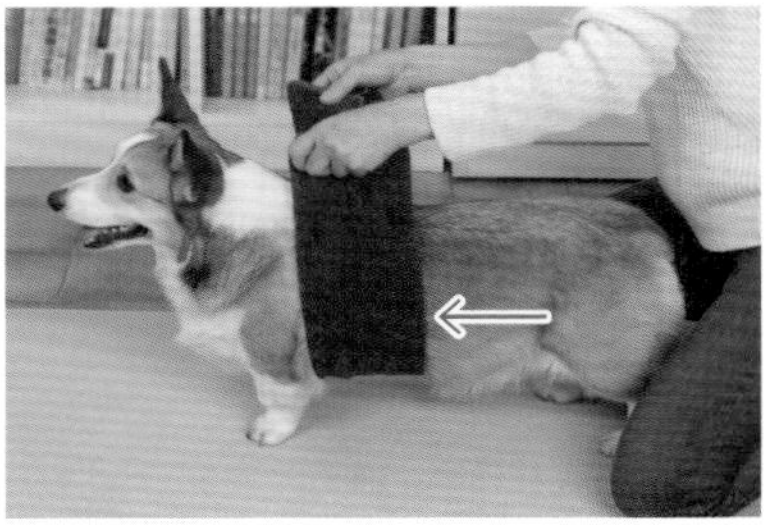

2 前足の後ろまでいったら止めてまた最初から繰り返し、「正しい姿勢」の感覚を覚えさせます。

首を動かしやすくする

毎日のマッサージは、
「気持ちいい」ことが大切です。

1 首とつながっている上腕頭筋を指でやさしく押してほぐします。

memo

首が上に上がらないときは、頚椎《けいつい》(首を支えている骨)に問題がある可能性も。動物病院を受診しましょう。

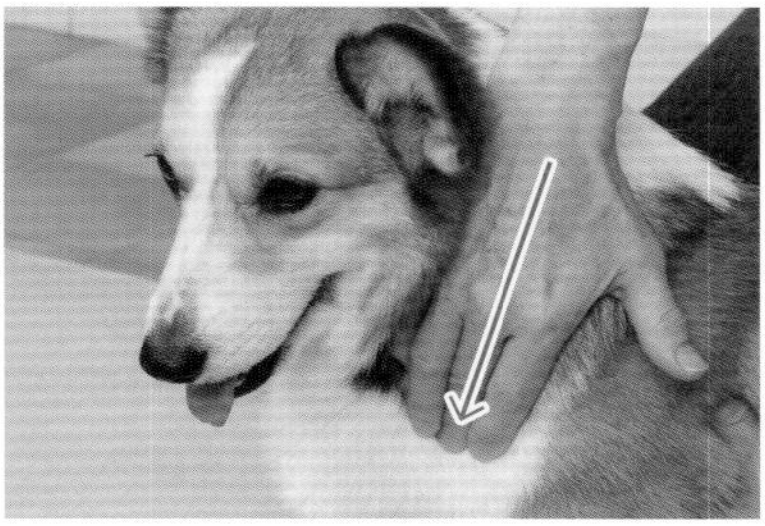

2　続いて、指３本（どの指でもOK）で上から下へ軽く押していきます。

下半身のバランスを整える

腰や後ろ足の付け根を刺激します。

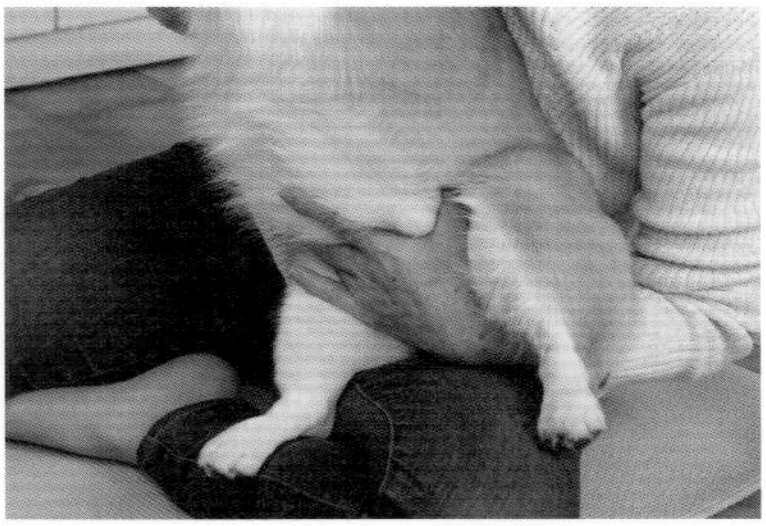

1　まず鼠径《そけい》部（後ろ足の付け根・陰部のあたり）に片手を当てて保定し、後ろからマッサージを行います。

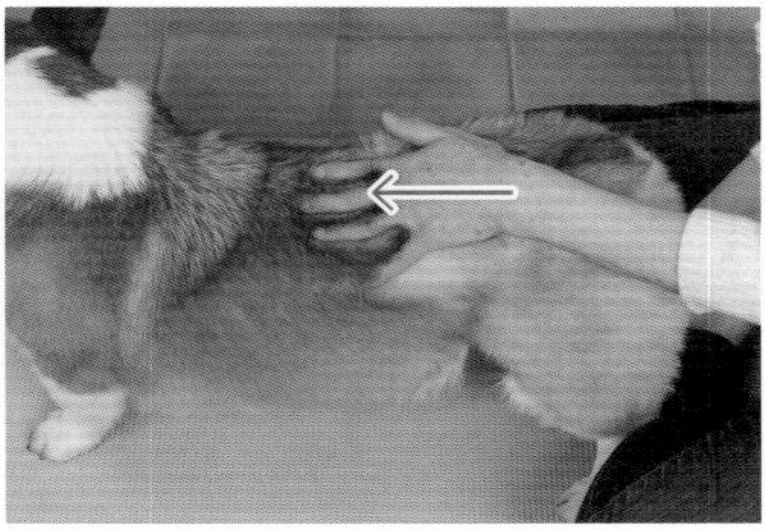

2　もう一方の手で、しっぽの付け根～背中を後ろから前へなでます。背骨の左右両側をまんべんなくほぐしましょう。

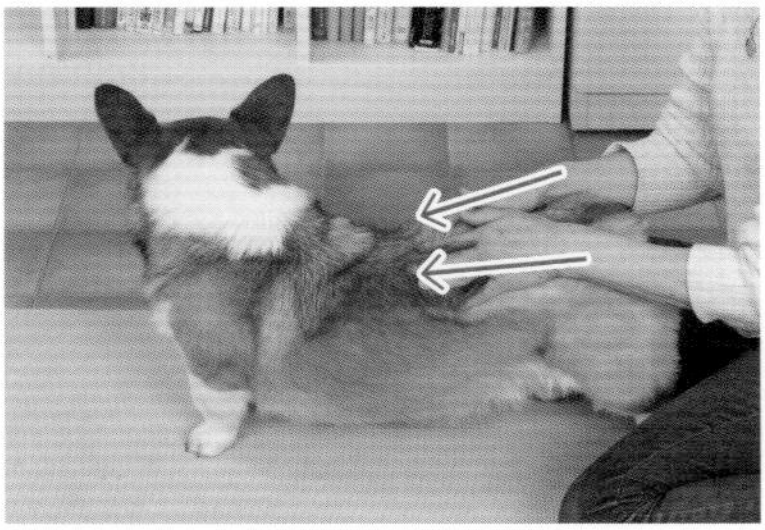

3　保定しなくても犬が立っていられるようなら、両手で左右同時にマッサージしてもOK。

上半身のバランスを整える

病気のサインが出ていないか、
確認しつつ行いましょう。

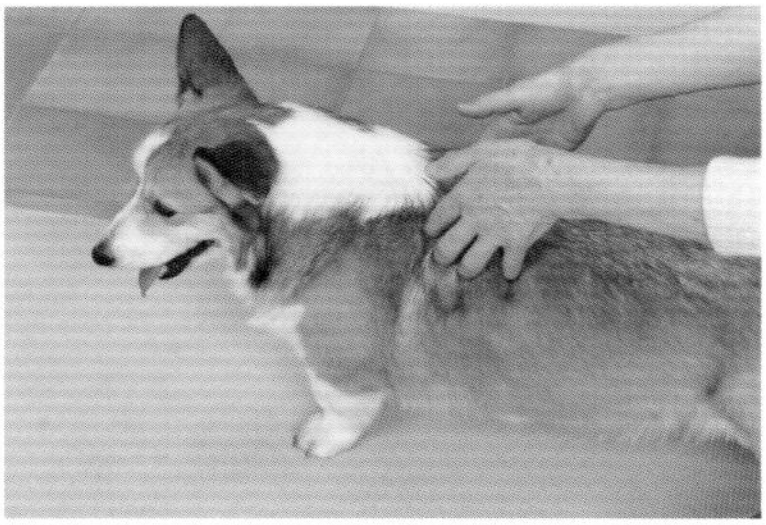

1　背中〜肩の筋肉をマッサージします。犬の後ろから、肋骨のあいだに指を入れるように両手を当てます。

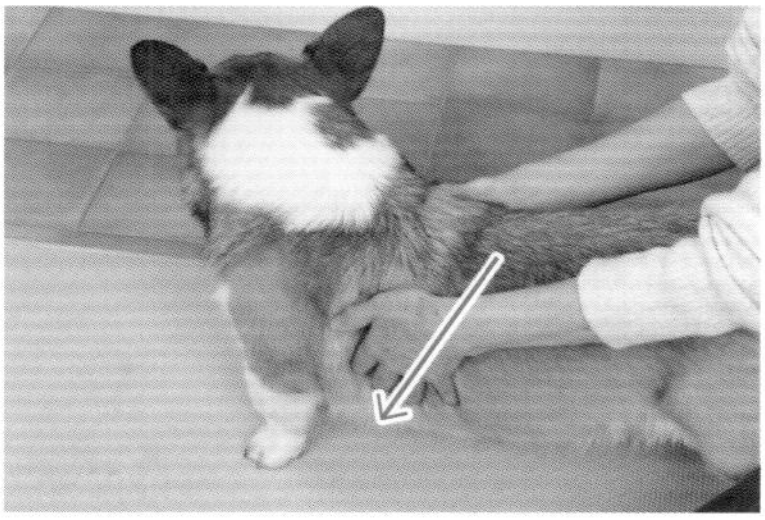

2　そのまま上から下へ手を動かし、左右どちらかに傾いていないか、肋骨が広がっていないかなどをチェック。

memo

肋骨が広がっていたり
胸が張っているときは、
心臓肥大の可能性がある
ので動物病院へ。

前足を動かしやすくする

指のマッサージもできれば、
リンパの流れが良くなります。

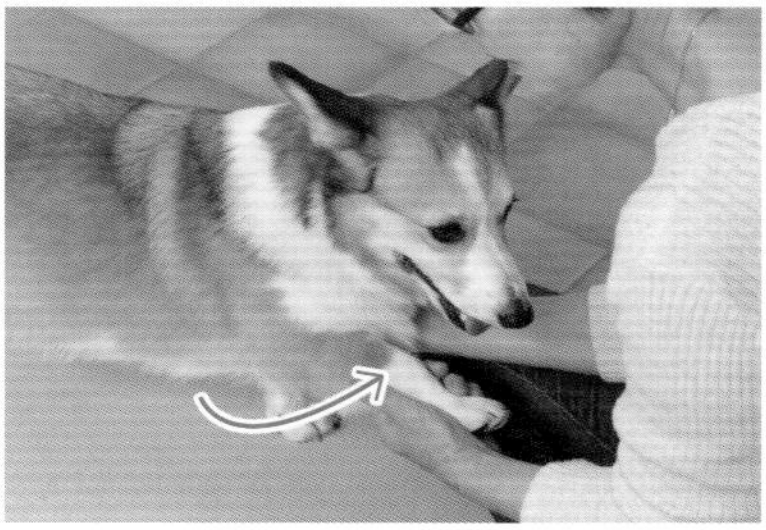

1　犬の前に座って片手で胸を押さえ、逆の手で前足の付け根あたり（上腕）を真っ直ぐ前へ持ち上げて伸ばします。

2　犬を寝かせると、さらにやりやすくなります。

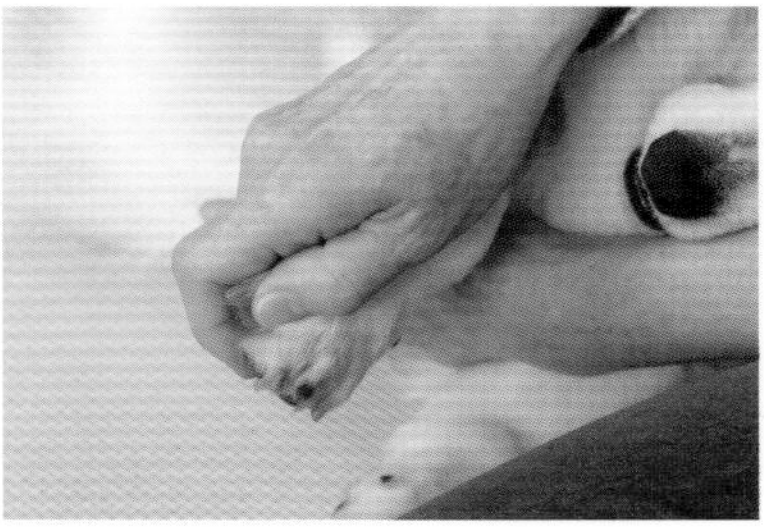

3　犬が嫌がらなければ、そのまま足指のあいだに自分の指を入れて指の付け根を軽く押さえ、指先に向けて動かしましょう。

後ろ足を動かしやすくする

コーギーは後ろ足のチェックが重要です。

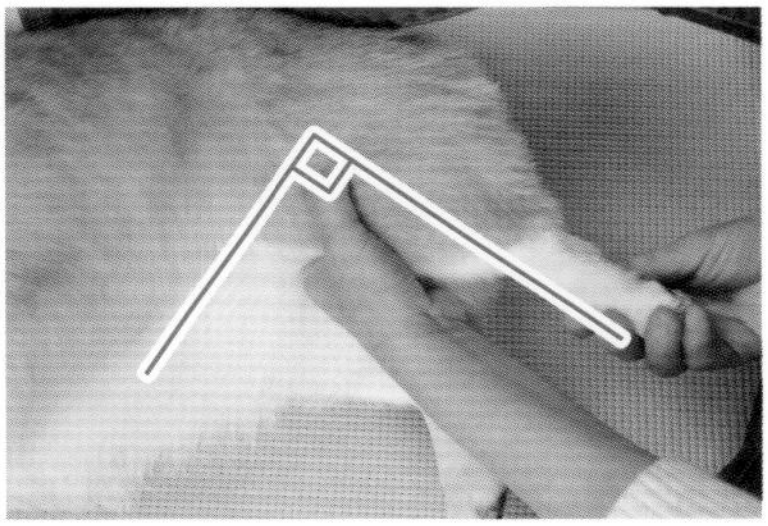

1　犬を寝かせた状態で片手を鼠径部に当て、もう一方の手で足先を引いて体と直角の位置にします。

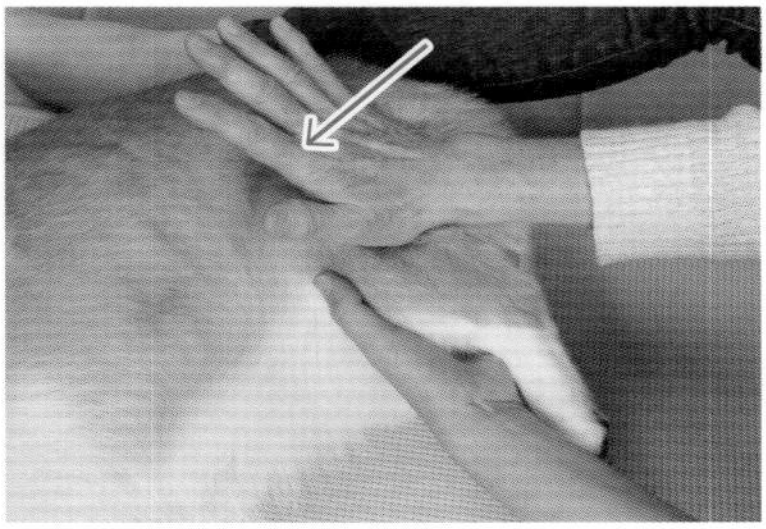

2　続いて、付け根を手のひらで後ろから前へ押すようにしてほぐします。

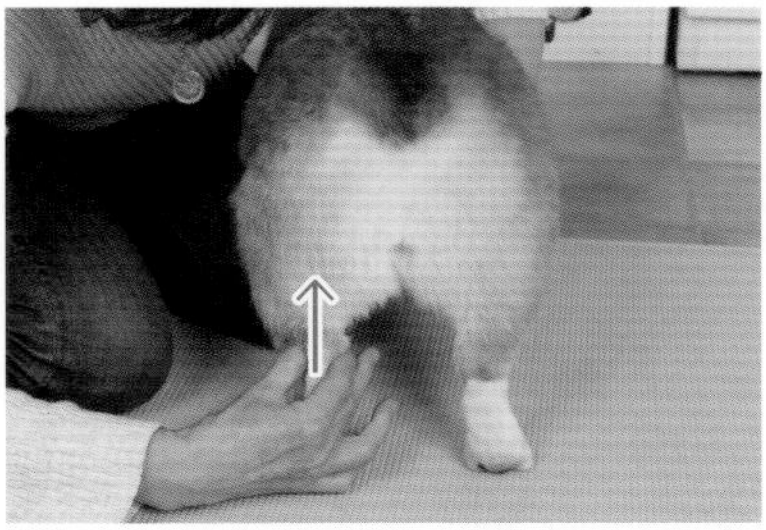

3　犬を立たせて片手で保定し、後ろからかかとを持って真っ直ぐ上へ持ち上げます。

体のバランスを整える

屈伸は１分間に
６回程度が目安です。

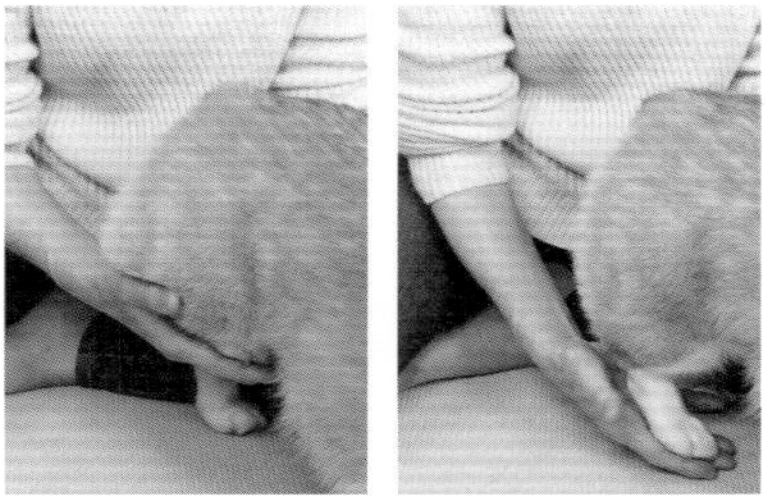

1　足裏に手を添えて前足・後ろ足をゆっくり屈伸させます。無理に動かすのではなく、犬自身の動きを誘導するのがコツ。

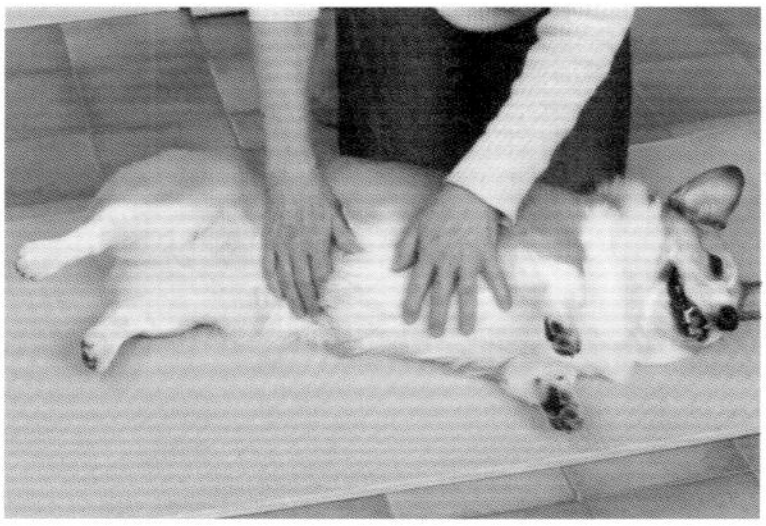

2　両手で全身をやさしくなでて、犬をリラックスさせます。

3　付け根を持って後ろ足を持ち上げます。犬は体を前方に引こうとするものなので、引く力がなければバランスが崩れている証拠。タオルを使って整えます。前足が弱い犬の場合は負担になるのでやめましょう。

ワンコの表情をよく見ながら、
ワザをみがいていきましょう

Part5

コーギーのかかりやすい病気&栄養・食事

コーギーがかかりやすい病気についてわかりやすく
解説します。注意したい病気とその対策、さらに
栄養学の基礎と食事に関しても学んでいきましょう。

神経・関節の病気

椎間板《ついかんばん》ヘルニアと変性性脊髄症（DM）を中心に、コギ飼いなら知っておきたい神経と関節の病気を解説します。

さまざまな可能性を考慮してケースごとに判断を

コーギーに椎間板ヘルニア（以下ヘルニア）が起こりやすいことはよく知られていますが、近年はそれに加えて変性性脊髄症（ＤＭ）も多い、と言うより「これまでヘルニアだと思っていた症状の何割かはじつはＤＭが原因だったのではないか」という認識に変わってきました。

はっきりと言い切れないのは、ＤＭの原因や確実な診断方法がまだわからず、区別が難しいから。「ヘルニアやほかの病気ではなさそうだ」という消去法で判断するしかないのが現状です。

ただ、対処法がないわけではありません。コーギーにおいてはヘルニア・ＤＭともに5～7歳以降に発症しやすい傾向があるので、そのころからとくに注意して愛犬の行動を観察し、定期的に動物病院で健診を受けるようにしてください。早い段階で異常を発見すれば、治療や負担の緩和など選択肢の幅も広がります。

椎間板ヘルニア

コーギーで気になる病気の代表格。ここでしっかり知識を身につけましょう。

椎間板が脊髄（P75　図1～3参照）を圧迫し、さまざまな神経症状が出る病気。痛みや足が動かなくなるといった症状が見られます。手術や安静にすることで回復が可能です。

原因と症状

椎間板とは、背骨を構成する脊《せき》椎《つい》（椎骨《ついこつ》）という骨の中にある組織のこと。中心部に弾力のあるゼリー状の髄核、その周りに繊維輪という組織があり、衝撃を吸収することで脊髄という神経を守っています。この椎間板に何らかの原因で変性が起こり、脊髄が圧迫されて発症するのが椎間板ヘルニアです。激しい痛みのほか、圧迫される神経の場所や状態によってさまざまな症状が起こります（P76～77　表1～2参照）。変性の起こり方によって、次の2種類に大きく分けられます。

I型

椎間板が脱水を起こし、ゼリー状の髄核が乾燥して衝撃吸収力が失われます。同時に繊維輪も弱くなり、脊椎に力が加わった拍子に破れて髄核が外に飛び出し、脊髄を圧迫して発症します。

II型

加齢にともなって椎間板が変性し、繊維輪が厚くなって脊髄を圧迫することで発症。成犬～シニア犬に起こることが多く、老化とともに悪化していきます。

図1
脊椎の位置

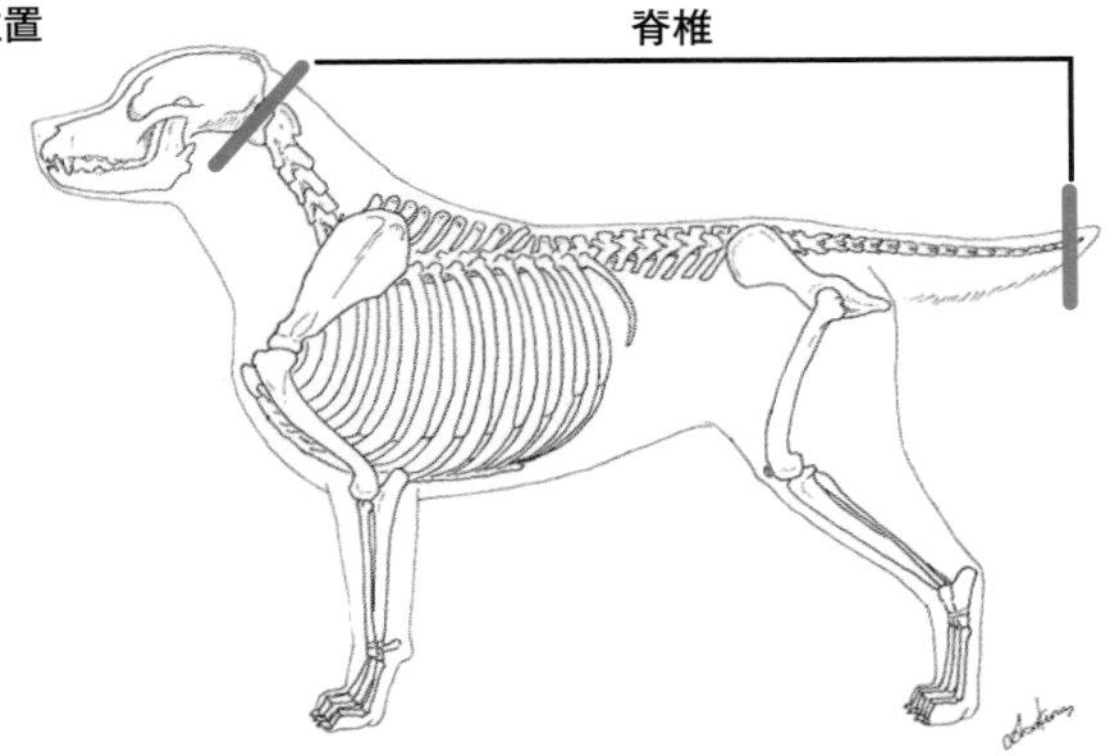

図3
椎間板の断面図

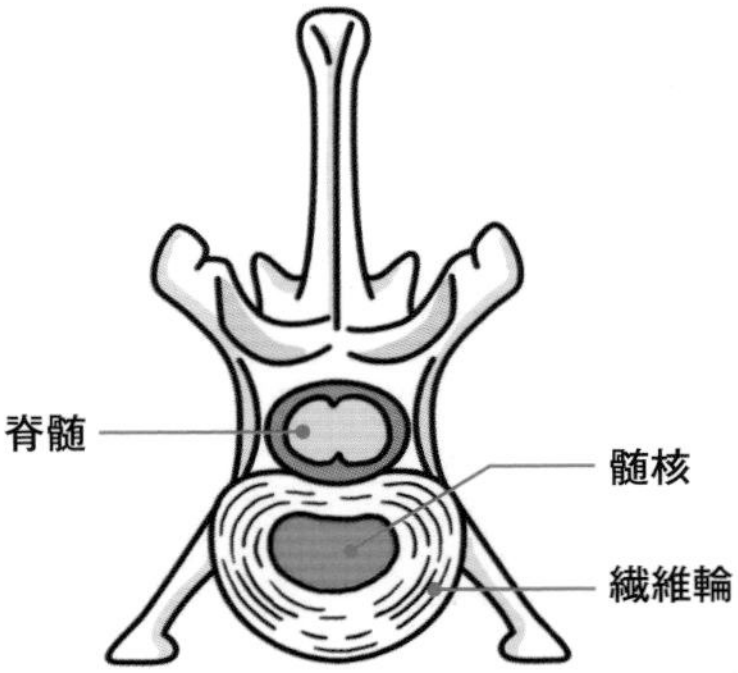

図2
脊椎の拡大図

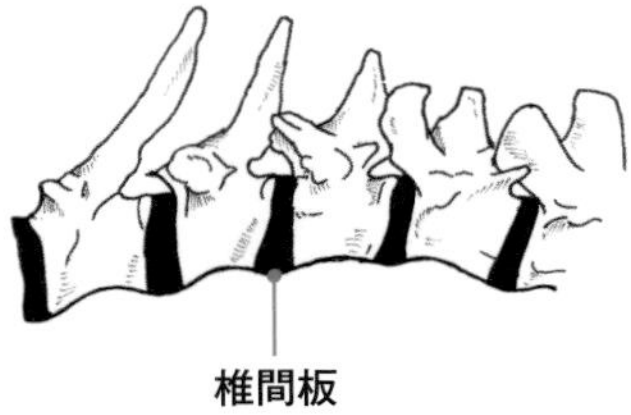

表1　背中と腰（胸腰椎《きょうようつい》）のグレードと症状

1度	脊椎痛	痛みのために背中を丸める姿勢をとる、動きたがらない、抱き上げたときに嫌がる
2度	歩行可能な不全麻痺、運動失調	後ろ足に力が入らなくなり、ふらつきながら歩く、足先を引きずるため爪がすり減る
3度	歩行不可能な不全麻痺＊	２度の症状がさらに進む。自力で立ち上がれない、前足だけで進み、後ろ足を引きずるようになる
4度	完全麻痺	後ろ足としっぽが完全に動かなくなった状態。自力で排尿できず、吠えた拍子に尿が漏れることがある
5度	深部痛覚消失	後ろ足としっぽのすべての感覚がなくなる

＊不全麻痺……少しでも動く状態を指し、このなかで軽度・中等度・重度に分かれる。

表2　首（頸椎《けいつい》）のグレード

1度	首に激しい痛みがあり、首をすくめて動くのを嫌がる、急に悲鳴をあげる
2度	前足・後ろ足に軽い不全麻痺が起こり、歩けるがふらついたり転倒したりする
3度	前足・後ろ足に、起き上がることも歩くこともできない重い不全麻痺が起こる
4度	前足・後ろ足が完全に麻痺して動かなくなる。呼吸機能に障害が現れ、急死する恐れもある

軽い症状だと老化と区別が
つきにくいので、
動物病院での定期的な健診が
大切です

診断

表1～2にあるサインが現れたら、動物病院で次のような検査を行い、ヘルニアかどうか確認します。どの検査が適切かはケースによって異なるため、獣医師による触診などで状態を把握してから相談しましょう。

レントゲン脊髄造影検査

脊髄の圧迫の有無、その状態、固定の必要性などを評価する。

CT脊髄造影検査

脊髄の圧迫の有無、脊髄周囲の骨格や全身の臓器を評価する。

MRI検査

脊髄の圧迫の有無、脊髄や脳の出血、炎症、浮腫（むくみ）、腫瘍などを評価する。

対処法

椎間板ヘルニアだと診断されたら、重症度に応じて「軽度」と「重度」に分け、それぞれ次のような治療を行います。

軽度→保存療法

犬を一定の期間（通常2～4週間）安静に過ごさせることで症状が治まるのを待ちます。完治するわけではなく、犬の性格から安静にすることが難しい場合もあります。

重度→外科手術

脊髄を圧迫している椎間板の一部を取りのぞいたり、椎体《ついたい》（椎間板を構成する椎骨の主要部）を固定する方法などがあります。手術後の経過は、すぐに問題なく歩けるようになるケースから長期的なリハビリが必要になるケースまでさまざま。一般的に、早期に手術をするほど回復しやすい傾向があります。

足を動かせない、痛覚を失うといった重い段階では保存療法による効果はほとんど期待できず、外科手術で脊髄の圧迫そのものを治療する必要があります。軽度でも悪化して重くなる可能性があるため、愛犬の体調の変化を注意深く観察し、気になることがあったら獣医師と相談して再検査を検討してください。食事や運動に気をつけていても発症することはあるので、健康なころから定期的な健診を受けるのが良いでしょう。

変性性脊髄症（DM）

椎間板ヘルニアと同時発症する可能性もあります。

ヘルニアと似た症状が出ますが、詳しい原因や確実な診断方法・対処法は不明。遺伝的要因で起こるともいわれています。ヘルニアやほかの病気ではないということからDMだと診断されます。

原因と症状

遺伝的要因で起こるとされていますが、正確なところはまだわかりません。特定の遺伝子（SOD1変異遺伝子／専門の機関で検査が可能）が原因ではないかとも言われていますが、その遺伝子を持っていても発症しないケースもあるので確実な判断基準ではないようです。

最初は後ろ足が動きにくくなり、徐々に麻痺が進んで完全に動かなくなります。その後、前足も同様の状態になり、筋肉が衰えて最終的には死に至ります。症状はヘルニアと似ていますが、進行がゆっくりであることと、「脊髄の圧迫」という明確な原因がないので手術しても回復が見込めないことが特徴です。

対処法

愛犬に後ろ足のふらつき、もつれなどの症状が見られたら早めに動物病院へ。ヘルニアかDMかははっきりわからないかもしれませんが、どちらにしても動きにくい足のフォロー（車いすを使う、安静にするなど）は必要になるので、獣医師の指導を受けながら少しでも負担を軽くする対症療法を実践してあげてください。

また、足が動かなくなるとほかの部位の筋肉も衰えてしまいます。意識的に運動をさせて、なるべく体の機能が落ちないようにしましょう。病気の進行自体は止められなくても、愛犬の生活の質を上げることにつながるはずです。

犬の状態に合わせて、オーダーメイドで作れる車いすもあります。

〈ヘルニアとの見分け方〉

DMの確率が高い

☐ 脊髄の圧迫がまったくなく、MRI検査でほかの病気の原因も見つからない
（ヘルニアも同時に発症しているときは、DMでも圧迫が見られる）

☐ 足がふらつき始めて動かなくなるまで数か月かかるなど、比較的進行が遅い
（個体差はある）

確定的ではないがDMの可能性がある

☐ 特定の遺伝子を持っている
（SOD1変異遺伝子を持っていても発症しないケースもある）

＊首に症状が出るのはヘルニアのみなので、首であればヘルニアと判断できる。

椎間板疾患の多くは、
急性期には背中や首の
痛みを伴います。
DMの場合、背中を痛がることは
ありません

〈異常が起きたときの対応チャート〉

ふらつき・足を引きずるなどのサイン

↓

動物病院で検査を受ける

↓

- 脊髄の圧迫が見られる
- ヘルニアやほかの病気の可能性が低いと診断

↓

軽度の椎間板ヘルニア

保存療法を実施しながら様子を見る

重度の椎間板ヘルニア

なるべく早く外科手術を行い、経過を見る

DM

車いすの使用などで体の負担を軽減しつつ、

筋肉量の低下を防ぐ

股関節形成不全症

椎間板ヘルニアとDMのほかにも気をつけたい病気です。

原因と症状

後ろ足の付け根にある股関節の形が、きちんと作られないために起こる病気です。初期に痛みが出ることはほとんどなく、気づかれないまま過ごすことが多いようです。成長とともに腰を振るような歩き方になったり、「オスワリ」のときに横座りになったり、運動や段差を避けるようになります。時に激しい痛みが出て、機嫌が悪くなることもあります。

予防と治療

基本的には鎮痛剤やサプリメントを使います。重症のケースでは手術をすることもありますが、非常に専門性の高い手術になるので、獣医師としっかりと相談してください。場合によっては、整形外科の専門医を紹介されることもあるでしょう。

遺伝によるところが大きい病気なので、発症した場合は繁殖をしないようにしましょう。肥満や激しい運動は絶対に避け、適度な運動にとどめること。家の床を滑りにくい材質にしたり、滑り止めマットを敷くなど関節に負担をかけない対策も重要です。

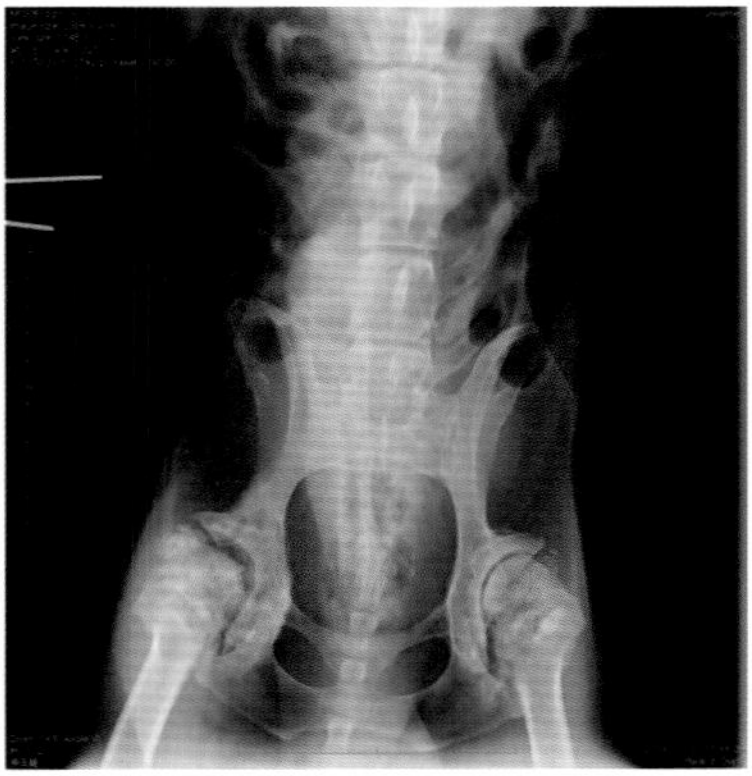

とくに向かって左側の股関節の形がしっかりしておらず、関節炎を起こした状態（L・レトリーバー／12歳）。

てんかん

発作が起きても慌てずに、
動物病院へ連絡を。

原因と症状

ウイルスや細菌の感染、事故、腫瘍、さらに遺伝的な要因で脳に障害が起こり、けいれん発作を起こすようになる病気です。発作には、落ち着きがなくうろうろする、頭を振る、よだれを流すなどの症状が見られる軽いものから、全身性の激しいけいれんまでさまざまな程度があります。一時的なものもあれば、一生涯にわたって周期的に起こるタイプの発作もあります。

予防と治療

発作中に命を落とすことはきわめてまれなので、まずは飼い主さんが落ち着くこと。人間のように舌をのどに詰めてしまうこともないので、口の中に指や割り箸などを入れるのは絶対にやめてください。発作は長く感じても数十秒で落ち着くので、それから動物病院へ連絡して相談しましょう。

発作を防ぐには、適切な抗てんかん薬を決められた量、決められた時間にきちんと飲ませることが大切。興奮を避け、ゆったりとした生活をさせてあげましょう。

ふだんから愛犬の
様子を気にかけて、
楽しいコーギーライフを
送ってください

コーギーが注意したい病気

**神経や関節以外にも気をつけたい病気があります。
それぞれの症状や対処法を知って、愛犬の健康を守りましょう。**

肥満

「かわいいから」といって
放置してはいけません。

原因

肥満になる原因としては運動不足と食べすぎが挙げられますが、コーギーの場合は多少太っていても、かわいらしくお尻を振って歩く姿がかわいいと思う飼い主さんが多いのかもしれません。しかしかわいさは別にして、肥満はすべての病気の一歩手前の状態だということを肝に銘じておいてください。

予防と治療

コーギーを太らせないためには、運動量を増やすことがいちばん大切なのですが、運動の時間や回数を今以上に増やすことは難しいという人もいるでしょう。やはり、カロリー制限が効果的な方法と言えます。フードを与えるときには目分量ではなく、g（グラム）単位できちんと計量してください。コーギーは、見た目の体型だけでは肥満かどうかわかりづらい犬種。定期的に体重を確認して記録しておくことをおすすめします。

食欲旺盛なコーギー。
健康維持のためには、
太りすぎに要注意です

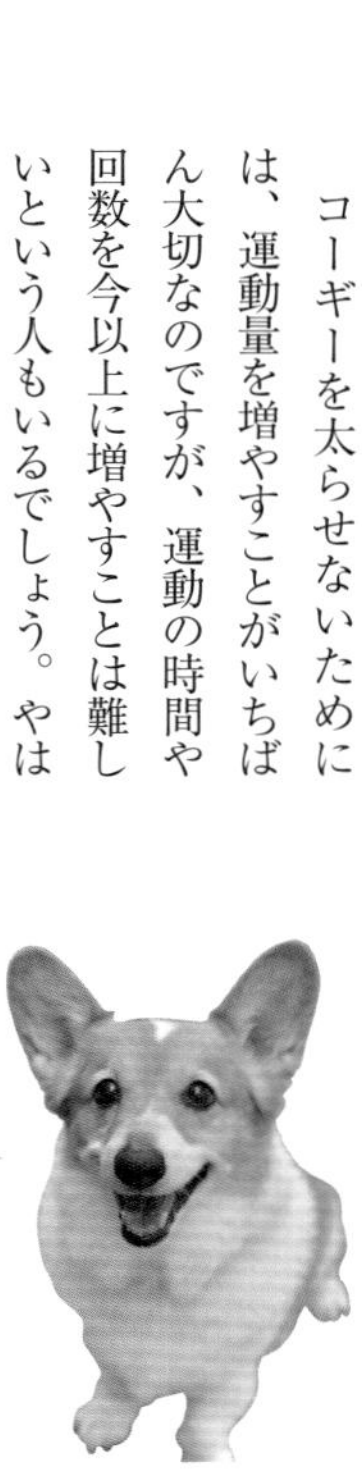

すうへき膿皮症

肥満の予防と、こまめなお手入れがカギを握ります。

原因と症状

しわのあいだにできる皮膚病で、肥満のコーギーに非常に多く見られます。メスの場合は、太くなった太ももに陰部が埋もれてこすれるために起こります。またしっぽの短いペンブロークは、しっぽが周囲の皮膚に埋もれて同じような皮膚炎になりがちです。

この皮膚炎は治りにくく、再発することも多いので注意が必要。1日中嫌なニオイがする上にかゆみも強く、犬にとってもかなり不快な病気でしょう。

予防と治療

濡れたティッシュなどでしわのあいだの汚れをふき取り、必要に応じてかゆみ止めや抗菌剤を使います。重度の場合にはしわ取りの手術をすることもあります。

予防のためには、肥満にならないようなカロリーコントロールと適切な運動が不可欠。しわのあいだの汚れは、ふだんからこまめに取りのぞくようにしましょう。

尿路結石症

治療には、多くの場合手術を
必要とします。

原因と症状

腎臓や膀胱、尿道など尿が作られ、運ばれる道筋のことを尿路と言います。この尿路の中に直径数ミリから、時には10㎝にも及ぶ硬い石ができることがあります。これが「尿路結石症」という病気です。結石ができたときにはよく血尿が見られますが、まったく異常がなく、健康診断やほかの部位のレントゲン検査などでたまたま発見されることもあります。

原因の多くは（体質もありますが）過食や偏食です。太っているということは、カロリーだけでなく結石の原因となるミネラル分も多く摂りすぎているのです。そんなミネラル分の多くは尿中に出てきます。そのために尿中のミネラル濃度が高くなり、結石ができるのです。

予防と治療

結石の成分によっては食事を結石溶解食（療法食）に変えることで溶かせるものもありますが、多くは手術をして取り出さなければいけません。肥満を避け、十分な水分が摂れるように気をつけることが予防につながります。

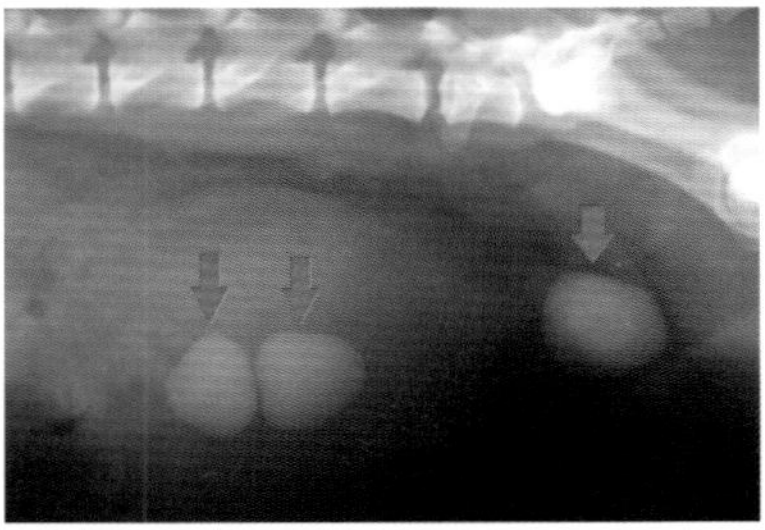

レントゲンで、尿路の一部（膀胱）に石ができているのがわかります
（ヨークシャー・テリア／10歳）。

右のレントゲンで確認して、手術で実際に取り出した結石。大小さまざまなサイズの石が尿路内にできていました。

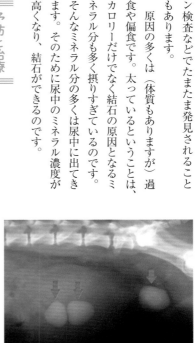

進行性網膜萎縮症（PRA）

かかりやすい遺伝性疾患として挙げられる目の病気です。

PRA（Progressive Retinal Atrophy）とは

目の奥にある、光や色彩を感じる部分の細胞（網膜／図参照）が徐々に壊れていき、ついには視覚を感じる信号を感じることができなくなってしまう病気です。愛犬に下の表のような症状が見られたら、PRAを発症している可能性があるので、すぐに動物病院を受診しましょう。

中年齢（5～8歳）で発症することが多いですが、早ければ生後6か月くらいから発症する可能性もあります。半年から3年ほどかけて少しずつ症状が進行して、最終的には視覚を失います。

発症の原因は、PRAにかかわる遺伝子を持つ親犬からその遺伝子を受け継いだことによります。日常生活の工夫や注意で発症を予防することはできず、根本的な治療法もありません。

目の構造（断面）

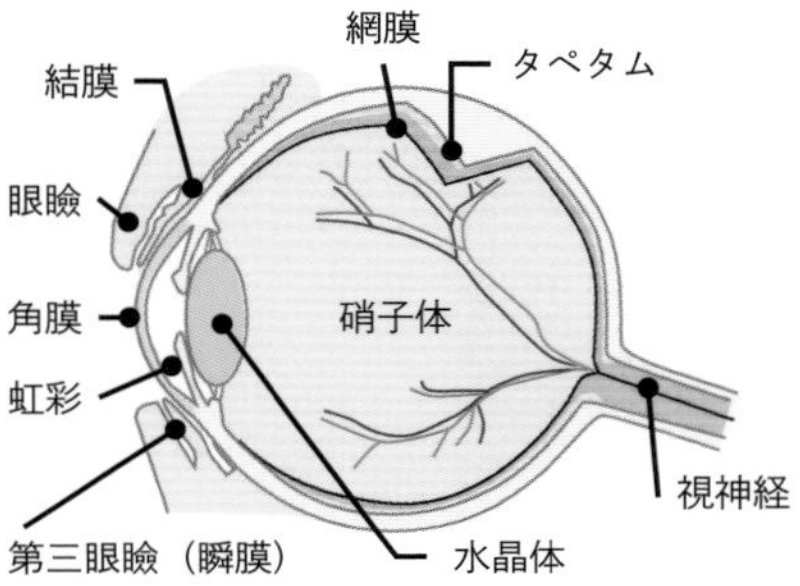

PRA・チェック項目

- □ 目の表面が曇りがかって見える
- □ ときどき目の表面が緑がかって見える
- □ 家具にぶつかる
- □ 段差でつまづく
- □ 暗い日や時間帯に外出することをためらう
- □ 知らない場所で探検することをためらう
- □ 階段を嫌がる

検査の種類

もし網膜の異常が疑われた場合は、どんな検査をするのでしょうか。一般的な動物病院でも、次のような検査で視覚の有無を判定することができます。

●対光反射

目に光を当てて、瞳孔が収縮するかどうか調べる試験

●威嚇瞬き反応

風を送らないように注意しながら、目に向かって手をかざしたときにまぶたを閉じる反応を調べる試験

●迷路試験

障害物を置いて、うまく避けられるかどうかを見る試験

眼科診療に力を入れている動物病院だと、眼底検査（目の奥の網膜を観察できる検査）や網膜電位検査（ＥＲＧ／暗い部屋で網膜に特殊な光を当てて、電気的な反応が起きるかどうかを見る検査）などの精密検査を受けることができます。

将来の発症がわかる検査

遺伝子検査を受ければ、将来的にこの病気になる可能性があるかどうかを調べることもできます。

もし愛犬に子犬を生ませたり交配に使うことを考えている場合は、ＰＲＡを遺伝させないために必要な検査です。もし異常が見つかった場合は、男の子・女の子ともに繁殖に用いることはできません。

※愛犬に出産させるには、ブリーダーとしての届出が必要です。安易な繁殖は避けましょう。

飼い主さんにできる対処法

突然見えなくなるわけではなく、徐々に視覚がなくなる病気なので、犬も少しずつ見えない状態に慣れていきます。そのために、最初のうちは「犬の目があまり見えていない」ことに気がつかない飼い主さんもいるくらいです。

とくにいつもの散歩コースや慣れた家の中などでは、犬も家具の配置などを覚えているので、比較的安全にほぼ通常通り過ごすことができるようです。

まずは病気を早めに発見して、大きな事故に結びつかないように次のような生活の工夫をしていきましょう。

・家の中では2階以上に上がらせないようにする
・障害物を少なくする
・足を引っかけたり、体がはまってしまいそうな場所や物をなるべくなくす
・気持ち良くくつろげるような、決まった場所を用意する
・いきなりさわったりせず、つねに声をかける

・散歩では、できるだけ安全なコースを選んでゆっくり歩く

失明する可能性が高いため、飼い主さんとしては心配な病気だと思いますが、犬の寿命そのものに影響することはないと考えられています。愛犬の生涯が少しでも良いものとなるように、考えてあげることが大切です。

誤嚥

飲み込んだものによっては、手術が必要になることも。

「誤嚥」とは

誤嚥とは、オモチャや中毒性のある食べものなどを誤って飲み込み、何らかの問題が起こること。食欲旺盛、物を追いかけてかじるのが好き、口が大きいという特徴を持つコーギーはとくに要注意です。

あまり知られていないかもしれませんが、犬には「飲み込むことができる（食道は通るので胃には到達する）けれども出すことができない（胃の出口を通れない、または腸の中で詰まる）」という大きさがあります。犬の体格にもよりますがコーギーの場合は直径1・5～4㎝程度の大きさがそれに当たるため、それくらいのサイズのものが周りにあると危険と言えます。

誤嚥の危険性

飲み込む異物の種類によって危険度は異なりますが、次のような問題が起こる可能性があります。

●胃への刺激

異物が胃の中にずっとある（外に出られない）と、その成分が変化して胃の粘膜を荒らすことがあります。とくに電池は胃に穴を開ける可能性があり、非常に危険です。

●閉塞

胃の出口あるいは腸の中で詰まると食べ

ものを受け付けられなくなり、嘔吐します。

●呼吸困難

胃の入口（食道の最後の部分）で詰まると、急な呼吸困難に陥って倒れてしまうことも。実際にあったケースでは、骨、軟骨、キャベツの芯、りんごの大きめのかけら、犬用ガムなどが原因でした。

●中毒

犬にとって毒性のあるものを飲み込んで時間が経つと、嘔吐、下痢、神経症状などの中毒症状が現れます。

誤嚥のタイプ

実際にあった誤嚥事故の原因には、次のようなタイプが挙げられます。

❶オモチャなど

オモチャ、布やひもを丸めたもの、シュシュなど髪飾り、ボール、石、針、コイン、ビー玉など。

❷食べもの

消化できず、胃の出口や腸で詰まるものとしては、梅干し・桃・アボカドなどの種、犬用ガム、犬用固形歯みがき剤、骨、木の実（オリーブ、ドングリほか）など。骨は割れてのどに刺さったり、砕いて食べても肛門出口で詰まることがあります。かじって遊ぶだけならいいのですが、あまりおすすめはしません。桃などの種《たね》類に甘みを感じて飲み込むケースが多く、犬用のガムものどに詰まって呼吸困難に陥ることがあるので要注意です。

❸食べもののニオイが付いた異物

ハムやチーズを包むビニール、飴の包み紙、焼き鳥の串などは犬の好きなニオイが付いているので危険。とくに、焼き鳥を串ごと与えるとのどや胃に刺さってしまいます。

❹毒物

次のものは一般的に犬にとっての毒性成分を含み、特定の症状につながるので与えてはいけません。摂取量によっては命が危険にさらされることもあります。

○玉ねぎ、ねぎ、ニンニク……急性貧血
○チョコレート、ココア
……嘔吐、下痢、神経症状
○ブドウ、レーズン……急性腎疾患
○キシリトール……急性の肝不全や低血糖

また、ヒキガエルやチューリップの球根、タバコなども中毒の原因になります。

誤嚥の対処法

愛犬が異物を飲み込んだとわかったら、すぐに動物病院へ。口から吐かせて危険のないものは、食べた直後なら催吐剤という薬を使って吐かせることを試みます（針は危険です）。中毒物質は、毒性成分が体に回る量を減らすためにこの処置をすることが多いです。ただし胃の動きは速いので、数時間経過すると吐かせることは難しくなります。

吐かせることができず、さらに閉塞の危険性がある（またはすでに閉塞の症状がある）ときは全身麻酔をかけ、内視鏡や手術で取り出すことを検討します。超音波検査やレントゲン造影検査で異物がある場所を確認し、完全な閉塞状態かどうかを見きわめて対処します。中毒物質の場合は飲み込んでから時間が経っていると症状が出ていることも。超音波検査やレントゲン検査、血液検査を行って状態を把握し、点滴治療を行います。

犬を飼うというのは、1歳児がずっと家にいるようなものかもしれません。とくに食欲旺盛なコーギーは、誤嚥の危険性が高い犬種。危ないものが口に入らないよう、つねに気を配ってあげてください。

ワンコはなんでも
口に入れてしまいがち。
危険なものを誤嚥しないよう
注意しましょう

すい炎

「祈りのポーズ」が見られたら
要注意です。

すい炎は、すい臓の炎症により消化器の異常や腹痛が起こる病気です。コーギーはとくに、突然症状が現れる「急性すい炎」にかかる犬が多いようです。

　すい炎は犬の体質や体調などによって、さまざまな症状が見られるのが特徴。犬種特有の体質や遺伝が原因となるほか、肥満や食生活の乱れ、持病で処方された薬剤、ストレスなどが引き金となる傾向があります。

症状

症状としては、食欲不振や嘔吐、下痢、腹痛などが挙げられます。腹痛があると前足を伸ばし、お尻を高く上げる「祈りのポーズ」をとったり、腹部をさわると嫌がって攻撃的になることもあります。

　重症化した場合は、多臓器不全や黄疸《おうだん》、出血が止まりにくい、ショック状態（体内で血液や酸素がうまく循環しないこと）などが起きることも。死に至るケースもあるので、入院して集中的な治療を受ける必要があります。また、炎症が長引くと慢性すい炎になることもあります。

　そのときの症状やさまざまな検査の結果から総合的にすい炎の可能性を考えますが、診断の難しい病気なので獣医師には慎重な判断が必要とされます。

腹痛により前足をぐっと伸ばし、お尻を高く上げる体勢を「祈りのポーズ」と呼びます。

歯周病
歯牙《しが》疾患

歯みがきの方法（P63〜）も参考にして、ケアをしてあげましょう。

対処法

早期発見・早期治療が鉄則です。最近では新薬も開発され、治療において良い結果が出ているようです。愛犬の食欲が突然落ちたり、消化器症状（下痢や嘔吐）に気づいたら、なるべく早く動物病院を受診するようにしましょう。

アメリカ・コロンビアにある動物整形外科財団「The Orthopedic Foundation for Animals（ＯＦＡ）」が行った調査によると、２０２３頭中１１５頭（５.５%）のコーギーが歯周病・歯牙疾患であるという結果が出ています。また、シニア期のコーギーの約80%以上が歯周病で、硬いデンタルケア製品やおやつ、オモチャなどを噛む習慣のある犬の多くは破折《はせつ》（歯が折れたり欠けたりしていること）が指摘されています。

歯周病は犬のあらゆる病気のなかで最も多い疾患であると考えられており、実際国内でも犬種を問わず多くの犬が発症しています（表１、２）。

表1　犬の入院理由（全犬種）

1位	椎間板ヘルニア
2位	歯周病（歯肉炎/歯槽膿漏/歯垢/歯石含む）
3位	すい炎

表2　犬の手術理由（全犬種）

1位	歯周病（歯肉炎/歯槽膿漏/歯垢/歯石含む）
2位	子宮蓄膿症
3位	消化管内異物

＊参考：アニコム損害保険株式会社「アニコム家庭動物白書2016」

症状

口腔内の衛生管理を怠っていると、歯の表面に歯垢・歯石が付着します。放置すると、その中にある病原性細菌が歯肉、歯周組織に炎症を起こし、歯周病となるのです。重度になると病原性細菌が血管を経て心臓、肝臓、腎臓に病巣《びょうそう》を作り、全身の臓器で異常を引き起こす恐れがあります。歯石の除去はもちろん、とくに重症の歯は抜歯することもあります。

対処法

食事やおやつの前でもかまわないので、毎日歯みがきすることを心がけましょう。デンタルケアと同時に指で奥歯などをさわることが習慣づけられると、歯のトラブルに気づきやすくなります。歯の色や形がおかしいと思ったら、まずは動物病院に相談してみてください。

また、ガムなどのデンタルケア製品も役立ちますが、それだけでは歯周病を防げません。あくまで歯みがきの補助として使ってください。

リンパ腫

症状は腫瘍のできた場所や悪性度により異なります。

コーギーに限らず、腫瘍には注意が必要です。ひと口に腫瘍と言ってもさまざまな種類がありますが、なかでも目立つリンパ腫は6～8歳くらいで発生するケースが多く、オスとメスで発生率に差はありません。

症状

リンパ腫は、血液の細胞であるリンパ球が腫瘍化したものです。リンパ節を病巣として増殖することが多く、初めの病巣となった部位によって、多中心型、皮膚型、消化器型などに分類されています。また、リンパ球の種類や細胞が増殖する様子の特徴によっても細かく分けられ、進行の速度や広がり方に差があります。基本的に「リンパ腫」と言えばすべて悪性腫瘍となります。

対処法

顎の下にあるリンパ節が大きくなっていることに飼い主さんが気づいて、腫瘍の発見につながることが多いようです。命にかかわる病気なので、動物病院を受診して発症が疑われる場合は病理検査や遺伝子検査などを行い、治療法や予後について獣医師からよく説明してもらいましょう。

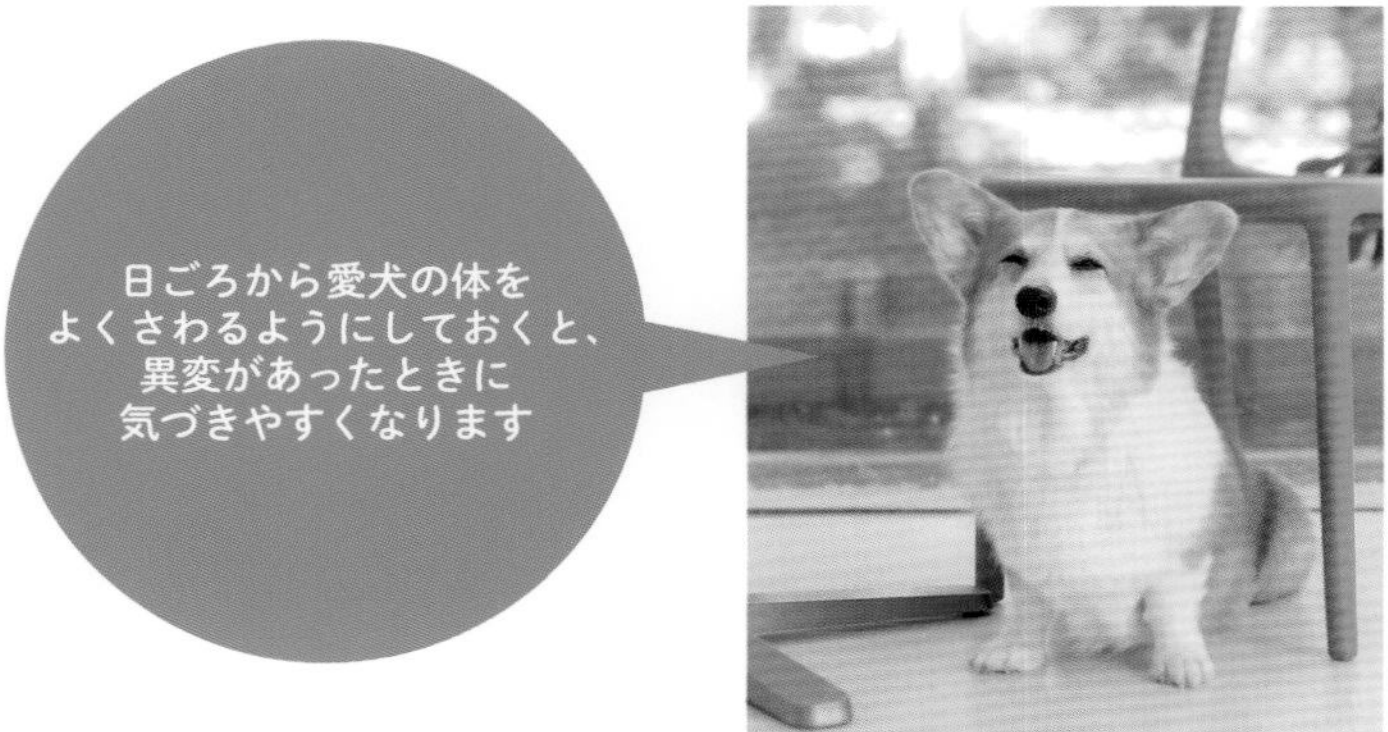
日ごろから愛犬の体をよくさわるようにしておくと、異変があったときに気づきやすくなります

コーギーのための栄養学

人と犬の共通点や犬種の栄養特性について知り、
健康的に暮らすための食事について考えてみましょう。

栄養学の基礎

まずは人と犬に共通する基本から
学びましょう。

食べてから排泄するまでの仕組み

「栄養学」と聞くと何だか難しいように感じます。しかし、生きることの第一歩は「食べること」。生物は、食物から栄養素とエネルギーを獲得することで命をつないでいるのです。

　食物には、たんぱく質、脂質、炭水化物（糖質＋食物繊維）、ビタミン、ミネラルの5種類の栄養素と水が含まれています。このなかで、たんぱく質、脂質、糖質はエネルギーを作る栄養素。それぞれ1gでたんぱく質は4kcal、脂質は9kcal、糖質は4kcalのエネルギーを体に供給します。さらに、栄養素にはそれぞれ特徴的な役割があります。「たんぱく質は体を作る」、「脂質は体を守る」、「糖質はエネルギーを供給する」、「食物繊維は腸内環境を維持する」のが主な働きです。ビタミンやミネラルはエネルギー源にはなりませんが、微量でエネルギーを作るサポートや体の調整を行います。水は成犬では体重の60%を占め、生命持に欠かせません。

　口から取り入れた食物は、消化酵素と水による加水分解を受けて消化され、小腸から吸収されます。吸収された栄養素は肝臓へ運ばれ、代謝や解毒を経て血液と一緒に心臓から全身へ送られます。吸収されなかった栄養素は大腸へ送られ、最終的には便として排泄されます。代謝の過程で作られた不要な物質や毒素なども便と一緒に排泄されます。そのため、吸収できない量が多いと排便量が増加します。

「食べる」だけではなく、消化、吸収、代謝、排泄がスムーズに規則正しく行われていることが健康の条件であることは、人も犬も同じです。

免疫力のカギは腸内環境

　体を細菌やウイルスから守る免疫機能は、全身の60%以上が腸内に存在します。これを「腸管免疫」と呼びます。腸内環境が悪い状態のまま放置すると、免疫力の低下につながります。良い腸内環境を保つために必要な栄養素が「食物

5大栄養素の主な働きと供給源

	主な働き	主な含有食品	摂取 不足だと？	過剰に 摂取すると？
たんぱく質	エネルギー源 体を作る	肉、魚、卵、 乳製品、大豆	免疫力の低下 太りやすい体質	肥満、腎臓・ 肝臓・心臓疾患
脂質	エネルギー源 体を守る	動物性脂肪、 植物油、ナッツ類	被毛の劣化 生理機能の低下	肥満、すい臓・ 肝臓疾患
炭水化物 （糖質/食物 繊維）	エネルギー源 腸管の健康	米、麦、トウモロコシ、芋、豆、野菜、果物	活力低下	肥満、糖尿病、 尿石症
ビタミン	体を調整する	レバー、野菜、果物	代謝の低下 神経の異常	中毒、下痢
ミネラル	体を調整する	レバー、赤身肉、牛乳、チーズ、海藻類、ナッツ類	骨の異常	中毒、尿石症、 心臓・腎臓疾患、 骨の異常

繊維」です。腸内には体に有益な作用をもたらす「善玉菌」と、有害な作用をもたらす「悪玉菌」が多数生息しています。このバランスが崩れると腸内環境が乱れ、軟便や下痢を生じます。食物繊維は善玉菌のエサとなり、その数を増やすことで悪玉菌とのバランスを回復し、また腸内細菌叢《そう》のすみかである腸壁の健康を保つために役立ちます。人と犬では、腸内細菌叢の種類や数は異なりますが、この仕組みは同じです。

肥満は万病の元

基本的に体重増加は、摂取エネルギーが消費エネルギーより多い状態が続くことが原因となります。肥満は心臓や関節などに負担をかけるだけではなく、肝臓病、糖尿病やすい炎などさまざまな病気の引き金となります。

バランスの良い食事と適度な運動で適正体重と筋肉量を維持することが身体機能のパフォーマンスを向上させるのは、人も犬も同じです。適正体重は、骨格や筋肉量によっても異なるため、さわって確認することが大切です。立った状態で横から見たとき、腹部がしっぽに向かって上がっているか、上から見たときウエストにくびれがあるか、肋骨や背骨は薄い皮下脂肪を挟んでさわることができるかが適正体重のチェックポイントです。

犬ならではの栄養学

次に、人と異なる部分について学びましょう。

栄養素

次にあげる栄養素は、不足にも過剰摂取にも注意が必要です。

●ビタミンC

人は体内でビタミンCを合成できませんが、犬は肝臓でグルコース（ブドウ糖）から合成できます。そのため、サプリメントなどでビタミンCを与えると体内で過剰になって、尿石症（シュウ酸カルシウム結石）の原因になることがあります。サプリメントなどを与えたい場合は獣医師に相談を。

●ビタミンD

人は紫外線からビタミンDを体内で合成できますが、犬は十分な量を合成できません。主食がドッグフードの場合は不足しませんが、手作り食の場合は栄養バランスがうまくとれていないと不足しやすい栄養素です。食品では鮭やしいたけに多く含まれ、腸管からカルシウムが吸収されるよう促します。

●カルシウムとリン

両方とも骨の健康に必要な栄養素ですが、そのバランスが悪いと逆効果です。ペットフードでは、カルシウム：リン＝1：1〜2：1で配合するよう基準が決められています。そのため、ペットフードが主食の場合、カルシウムを多く含む食品やおやつ（ヨーグルト、チーズ、牛乳など）、リンを多く含むもの（肉、魚など）を必要以上に与えると、ビタミンCと同様に尿石症を生じることがあります。

●亜鉛

犬が必要とする亜鉛の量は非常に多く、人の約5倍以上です。高品質なペットフードでは不足することはありませんが、栄養バランスの悪い手作り食で不足しやすいので要注意。亜鉛の欠乏は脱毛や皮膚炎を起こす原因となります。

食性

犬は雑食の動物ですが、消化器官には次のような肉食動物の特徴もあります。

●口腔内

人は唾液と食物を混ぜて炭水化物の消化を始めますが、犬の唾液中には消化酵素がありません。また、のどを通る大きさの食物なら飲み込んでしまいます。そのため、のどを通るか通らないかくらいの中途半端な大きさの食物は詰まる可能性があるので危険です。

●胃

胃は一時的に食べ物をためて食塊《しょっかい》をドロドロにする場所で、ここでたんぱく質の消化が始まります。胃が満たされ、胃壁が伸びると満腹感が生じます。犬の胃は拡張性が高いため、目の前に食べ物があれば〝食いだめ〟が可能です。ドライフードは、胃液を吸って膨らむまで時間がかかるため、食べた直後でも「もっと食べたい」とアピールをすることがあります。

●小腸と大腸

小腸では栄養が吸収され、大腸では水分の再吸収と便の形成が行われます。犬は人に比べて食塊の通過時間が短いため、効率よく消化吸収できる栄養バランスが大切です。食物繊維には、腸が食べ物を送る動きを刺激したり、栄養素などを吸着する働きがあります。そのため、食物繊維が人の食事のように多いと栄養素の吸収率が低下し、その分排便量が増加します。排便量の増加や黄色の軟便、下痢は与えすぎの目安になります。

嗜好《しこう》性

嗜好性もまた、「食性」とかかわっています。そのため、犬は肉によく含まれる脂肪のニオイやアミノ酸の味を好みます。そのため、食品やペットフードのなかでも高脂肪で高たんぱくなものを好んでよく食べる傾向があります。味を感じるセンサーである味蕾《みらい》の数や種類も食性によって異なり、甘味を感じる味蕾を多く持つ人間は甘味を好むとされます。犬も（人のように数は多くありませんが）この味蕾を持つため、やはり甘味を好みます。人と犬が共通して好まないのは苦味で、これは自然界において毒物に多い味だからとされています。しかし、最終的な嗜好性は「どんなものを食べてきたか」という経験によって決定されるため、それぞれの犬によって違ってきます。

コーギーならではの栄養特性

太りやすいコーギーの
食事の注意点を
おさえましょう。

食物繊維は適度に与える

適正体重をキープしつつも、食事の満足感を得るために役立つのが「食物繊維」です。一般的なドライフードには3～5%前後配合されており、食物繊維が増えると食事の「かさ」が増すため満足度は上がります。一方で、繊維量が増えるとその分必要な水分量も増加しますが、十分に水分が摂れないと便秘を起こします。

便秘になると太りやすいため、減量が目的でなければ繊維量が5〜7%程度の商品を選び、給与量や食後の犬の満足度を比べてみるといいでしょう。

高たんぱく・高脂肪に注意

犬の食事で摂りたい栄養素の筆頭は「たんぱく質」で、次に「脂質」です。しかし、あまりにも高たんぱく・高脂肪の食事は体重が増加しやすいことや、給与量が少なめになることからコーギーには適していないといえます。ドライフードの場合、たんぱく質が23〜25%、脂肪が12〜15%程度がおすすめです。活動量や筋肉量が多い場合は、たんぱく質の割合が高いフードを選んでもかまいませんが、極端に割合が高いフードを与え続けると筋肉量の減少や尿石症につながることもあります。

足の短い犬種のエネルギー消費量

食欲旺盛なコーギーには、飼い主さんがフードやおやつを与えすぎてしまう傾向があるため、摂取エネルギーが消費エネルギーより多くなりがちです。犬のエネルギー消費量は、1㎞の移動（平らな道）につき体重10㎏以上の犬では体重1㎏あたり1㎉、10㎏以下の犬では1.5㎉と考えられています。ということは、体重10㎏の犬が1㎞散歩をしても運動による消費エネルギーはわずか10㎉に過ぎません。

さらに、足が短い犬種は足の長い犬種に比べてエネルギー消費率が低いため、コーギーではこの尺度よりも低いことが考えられます。そのため、コーギーの飼い主さんは「いつもより多く食べたら、いつもより長いお散歩」で、エネルギー消費と同時に基礎代謝を向上する筋肉づくりを心がけてあげてください。

水の重要性

成人や成犬の体の約60%は水で構成されています。どちらもしばらくのあいだは食べなくても生きていられますが、犬は水を2日程度飲むことができないと脱水を起こし死亡すると言われています。

犬のエネルギー消費量
（平行移動の場合）

体重	消費カロリー
10kg以上	10kcal
10kg以下	15kcal

水の役割は喉の乾きを潤すだけではありません。体温調節をはじめ、血液の主成分として栄養素や酸素の運搬、そして老廃物の排泄にも働きます。そのため、水分不足は食欲不振などの体調不良から尿路結石、肝臓病やすい臓病などさまざまな病気の引き金となります。便が硬い、コロコロしている、臭い、毎日出ない……といった場合は、水分不足の黄色信号。「命の素」である栄養素と「命の源」である水は、どちらも正常な体の働きに必要なのです。

水分量をチェックする

1日に必要な水分量は、個体差はありますが1日に必要なエネルギー量の数値とほぼ同じです（成犬10kg＝550kcalとした場合、約550㎖前後）。この中には、食事中に含まれる水分、自発的に飲む水分、代謝水（食事から体内で作られる水分）が含まれますが、一般的には食事中の水分量と自発的水分量の合計を目安とします。そのため、水分量が3％程度のドライフードを主食としている場合は、食事の重さの約80％が水であるウェットフードを主食としている場合よりも、食事以外から摂取する必要のある水分量が多くなります。水分摂取量は、気温、湿度、活動量、体調などにより異なり、健康な犬であれば必要量を自ら摂取すると考えられています。

一方で、犬は必要な水分量の70％程度を確保できればのどの渇きを覚えにくくなるため、実際にはドライフードを主食としている犬の多くが水分不足の傾向にあります。摂取する水分が不足すると、代謝の低下や便秘から毒素や不要な物質の排泄が不十分となり、健康に悪い影響を与えます。日ごろから水分をどれくらい摂っているかチェックする習慣をつけましょう。

〈ペットフードの水分含有量の目安〉

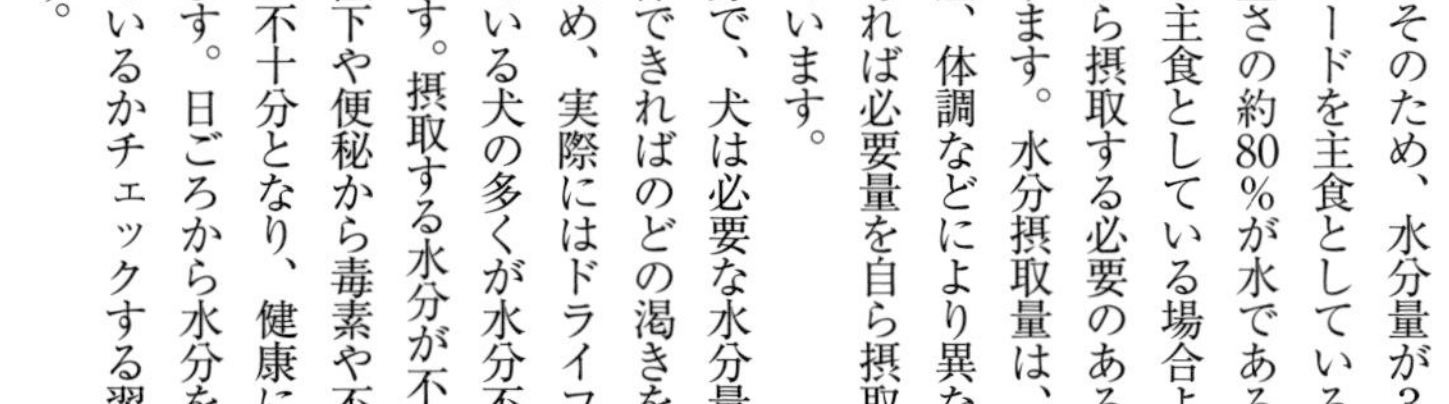

ドライフード 3〜11%

セミモイストフード 25〜35%

ウェットフード 80%前後

気をつけたいポイント

食事と栄養について、気をつけたいことを解説します。

「食事ノート」のすすめ

「食べない」悩みよりも「食べすぎる」悩みが多いコーギーでは、「ライト（低カロリー・低脂肪など）」「低カロリー」「体重管理」を目的としたペットフードを選んでいる飼い主さんが多いように感じます。これらの商品には食物繊維が多く含まれ、低脂肪、低カロリーであるのが特徴です。どの商品も同じように見えますが、太りにくい体づくりに必要な「筋肉量」を減らさないためには、たんぱく質が十分に摂れるものを選んでください。

フード選びにあたっては、「愛犬のための食事ノート」を作っておくと便利。各商品のラベルやメーカーのホームページから原材料、保証分析値（たんぱく質・脂質・食物繊維などが含まれている最低値もしくは最大値）、代謝エネルギーなどをチェックしてメモしたり、購入前の商品比較に活用を。実際に与えてみた結果も書き込んでおけば、健康管理や体重の記録としても役立ちます。

肥満予防のために

「肥満は万病の元」といわれます。「でもあげたい」、「でも食べたい」そんな飼い主さんとコーギーの望みをかなえるポイントを紹介します。

- ●食事時間はほぼ毎日同じにして消化を促す
- ●食事回数は2回よりも3回に分けると消化が早く、余剰エネルギーが出にくい
- ●早食いで食事に満足感がない場合は、ドライフードを水で十分にふやかして浅めのお皿に広げて分けて与える
- ●おやつはかたまりで与えず、量を決めて少しずつ与える
- ●少量の野菜や果物は低カロリーでヘルシーなおやつになる

●水分補給はこまめに行い規則正しい排泄を促す
●腸内環境をつねに良い状態に保つ

「家の中」「留守中」の注意点

飼い主さんが家にいないときにも注意しておきたい点があります。食事関連だけでなく、日ごろから病気の予防について考える習慣づけをしておきましょう。

●食べ物やペットフードなどを犬が届くところに置かない
●残飯や生ゴミを食べてしまう恐れがあるため、ゴミ箱は空にして出かける
●朝食と夕食の間が10時間以上あく場合は、自動給餌《きゅうじ》機を利用する
●肥満気味の場合は階段の上り降りをあまりさせない（とくに急な階段や長い階段）
●滑りやすいフローリングの床は足腰に負担となるので、滑り止めマットを敷く

どの犬種でも、生涯にわたって適正体重をキープするのが健康の秘けつです

食事管理のポイント

栄養バランスと適正体重に注意して、今日の食事から役立ててみてください。

「総合栄養食」とは

ペットフードは使用目的に応じて「総合栄養食」「間食」「その他の目的食」に分類されます。パッケージ表示を確認してみてください。そのうち、「総合栄養食」はそのフードと水だけで健康管理ができるように栄養バランスが整えられたペットフード。現在市販されている犬用ドライフードはすべて総合栄養食です。一方で間食はおやつやスナック、その他の目的食は一般食、副食、栄養補完食など栄養バランスよりも嗜好性を重視して作られ、「使用に際しては総合栄養食と併用を」と記載されています。サプリメント類や療法食もこのカテゴリーに入ります。

原材料表示のルール

原材料表示は使用原材料の多い順に表示されています。食物アレルギーなどの表示がない限り、動物性たんぱく質源（体を作るエネルギーのもととなる食品／Ｐ97の表参照）が1番目か2番目に表示され、かつ供給源がわかりやすい商品のほうが質が高いと考えられます。

フードの「給与量」

同じ犬種、体重であっても、生活環境や活動量、生活環境などが異なるため、ペットフードに表示してある指示給与量（1回の食事で与える量）はあくまでも目安です。指示に従ってフードを与えた1週間後に体重測定をして、体重が増えたら10％程度給与量を減らす。体重が減ったら10％程度給与量を増やすなど調整して、適正体重を維持しましょう。

「代謝エネルギー量」とは

代謝エネルギー量とは、食べたときに便中や尿中へ排泄されたエネルギーを差し引いた「実際に体内で利用できるエネルギー量」を指します。パッケージには〈代謝エネルギー（ＭＥ）＝○○kcal／１００ｇ〉のように記されています。成長期のドライフードでは４００kcal前後、維持期では３５０～３８０kcalが高品質な総合栄養食の目安。シニアの場合、筋肉量が減って活動量も落ちるため、太りやすいようなら維持期よりも代謝エネルギーが低いフードを選ぶと良いでしょう。

おやつやトッピングの量

主食の栄養バランスを崩さずに与えられるおやつやトッピングなどの量は、1日当たりのエネルギー量の10%以内と考えてください。たとえば、1日に400kcal摂取している場合は40kcal以内です。この場合、主食はそのぶんを引いた360kcalになることに注意しましょう。適正体重が維持できるペットフードの分量（グラム数）がわかれば、〈表示してある代謝エネルギー÷100〉で1g当たりのエネルギー量が計算できるので、給与量をかけると1日に何kcal与えているかがわかります。

例　代謝エネルギー =380kcal/100gのドライフードを120g与えて適正体重が維持できている場合

1日当たりの摂取エネルギー量＝380÷100×120＝456kcal

おやつはこのうち10%と考えると45.6kcal

主食はおやつの分を引いた410.4kcal

↓

1g当たりのカロリーは3.8kcalなので、410.4÷3.8＝108g **が**
おやつを与える場合のドライフードの給与量となる。

毎日の観察がポイント

愛犬を守るためには、愛犬についてよく知ることが大事。食事も選んで与えるだけではなく、食物がどのように体に影響を与えるのか？　便の状態や量は？　おしっこの色は？　体調は？　など、しっかりと観察し、記録することも忘れないでください。そういった情報の蓄積こそが愛犬の健康管理に役立ち、また病気の早期発見と早期回復をサポートします。この栄養学の基本を毎日の生活に役立ててください。

中医学と薬膳

体質改善に役立つとされる薬膳。
コーギーの食事にも取り入れることができます。

薬膳の知識

薬膳に
挑戦するために
知っておきたい知識です。

中医学の「五臓六腑」

中医学では、「気《き》」がすべての源であると考えられています。気は陰陽に分かれ、さらに五行（木・火・土・金・水）に分かれます。五行には、それぞれに属する五臓（肝・心・脾・肺・腎）と、対となる五腑（胆・小腸・胃・大腸・膀胱）があります。「臓」は気をためておく場所で、「腑」は飲食物やそれらから吸収したものを受け取って次の場所へ送り出す働きがあります。

「五臓六腑」という言葉がありますが、六腑目は「三焦」です。五臓は上から肺→心→脾→肝→腎の順に並んでいると考えられていて、肺と心（みぞおちから上）、脾と肝（みぞおちから臍《へそ》まで）、肝（臍から下）の3つに分けて、上から「上焦」、「中焦」、「下焦」と呼ばれます。これらを合わせたものが六腑目の三焦なのです。三焦は気と津液《しんえき》の流れる場所で、とくに気化（気の運行と物質変化）と水液代謝

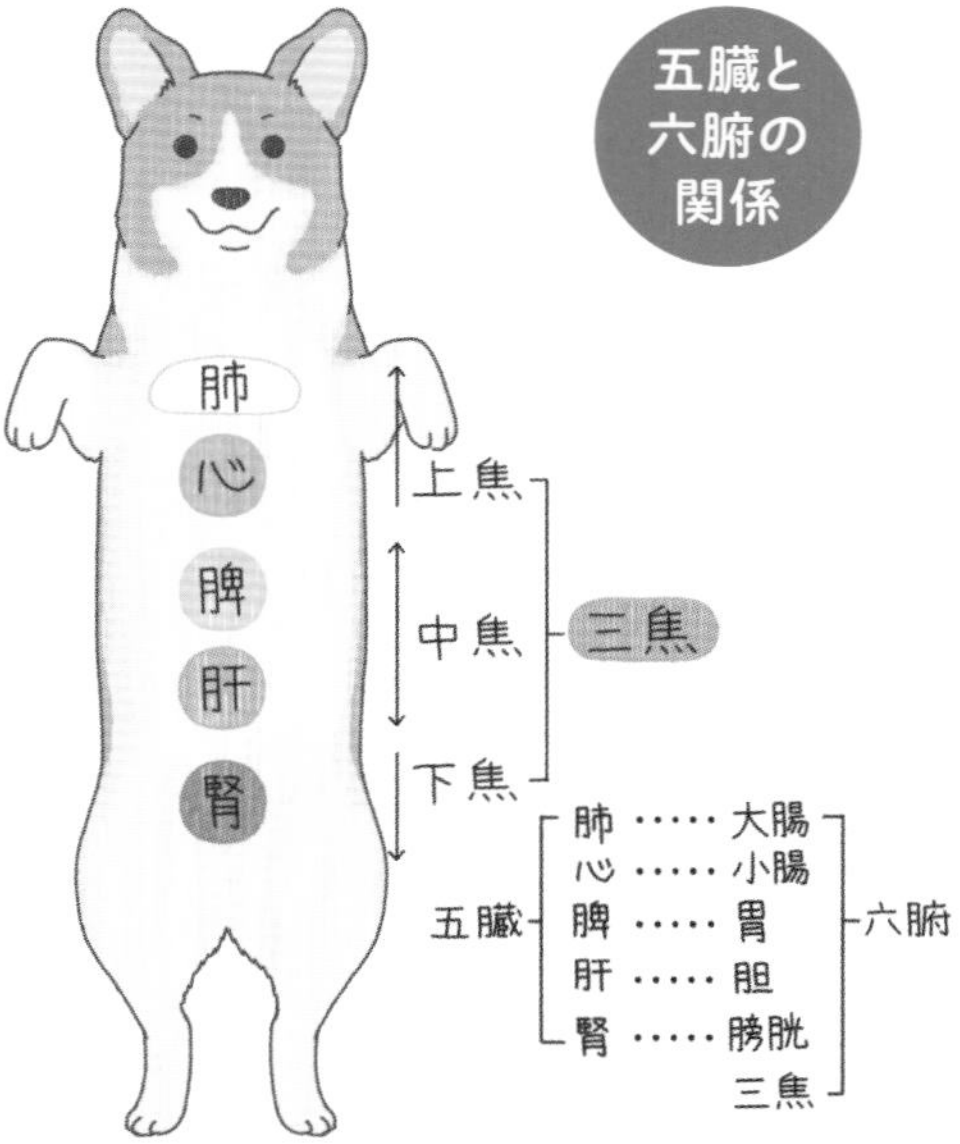

食材の分類

温熱性の食物	平性の食物	寒涼性の食物
鹿肉、牛の胃袋、牛すじ、鶏肉、鶏レバー、豚レバー、いわし、あじ、鮭、さば、かぶ、かぼちゃ　など	牛肉、鴨肉、豚肉、豚の心臓、かつお、さんま、白魚、あおさ、えのき、エリンギ、キャベツ、小松菜、しいたけ、春菊、青梗菜、人参、白菜、ピーマン、ブロッコリー　など	うさぎ肉、牛タン、馬肉、あさり、しじみ、昆布、海苔、ひじき、もずく、わかめ、アスパラガス、きゅうり、ごぼう、しめじ、セロリ、大根、なす、トマト　など

（水液の運行）が行われます。車にたとえると、ラジエーター（エンジンを冷却するための装置）のような役割を果たすとされているのです。

中医学では立春～立夏は春なので、そのあいだは春の養生をします。春は陽の気が増して、陰の季節だった冬から陽の季節へと移り変わっていく時期です。陽の気は温かくつねに動いていて、冬の「静」から春の「動」へと変わる時期でもあります。

中医学には「天人合一《てんじんごういつ》」という考え方があり、大自然で起こっていることは同時に体内でも同じことが起こるとされています。冬の寒さで硬くなった「静」の体がゆるんで「動」となり、上や外へ向かって気の動きが活発になるのです。

春は暖かくて気持ちの良い季節ですが、頭痛やめまい、目の周りが重たく感じるなど不調を訴える人も少なくありません。温かい空気が軽いために室内では上へ行ってしまうのと同じように、増加する陽の気が体の中でも上にばかりたまることが原因となり、とくに上半身に不調を起こすと考えられています。

このような中医学的な体や自然界の仕組みと、食物が持つ性質（五性：熱・温・平・涼・寒）や働き（五味：酸・苦・甘・辛・鹹《かん》）を考え合わせて、〝そのときの体〟に合う食物を選んで作る食事が薬膳なのです。

「体のたるみ」の原因とは

食物には臓腑のいずれかに、とくに優先して作用する仕組みがあります（帰経）。季節やライフステージの変化などによって、臓腑のいずれかの働きが衰えたと感じたら補い（補）、働きが増大していると感じたら取りのぞき（瀉《しゃ》）、乱れていれば調《ととの》える（調）食物を選びます。

体がたるむ、尿が漏れやすい、よだれが多くなるなど全体的に「しまりのない体」になったように感じたら、それは脾の力が少し衰えているのかもしれません。

五臓のなかで、引き締める役割を担っているのは「脾」。あるべきものがあるべき場所にとどまっている力を担当しているのが脾です。たとえば、血液（あるべきもの）が血管（あるべき場所）の中を流れていること、内臓が所定の位置にあること、人が美容で気にするような肌のたるみなども、この脾の引き締める力が関係しているのです。

五行の木行に属する春という季節は、五臓のなかでも同じ属性の「肝」と深い関係があります。肝はストレスに最も影響されやすい臓で、ストレスにさらされると脾を攻撃するという特徴があります。ストレスというと心的なものを思い浮かべますが、毎日の気温や湿度、環境の変化などによっても起こり得ます。花粉症はもちろんのこと、先に挙げたように体調がすぐれず春が苦手だ、という人も多いでしょう。体調の変化も大きなストレスです。陽気の増加とストレスなどによって肝にたまった熱を冷まし、その働きを穏やかにすれば、脾の働きを守ることにもつながります。

陽の気は温かいので、体内のラジエーター（三焦）を動かすのも有効な手段です。水液代謝の働きを良くして脾の気を補い巡らせる、つまり気・血《けつ》・津液が滞りなく体内を巡る状態を目指します。

脾の気を補う代表的な食物は、白米です。重湯《おもゆ》も大切な補気の役割を果たしてくれるので、ぜひほかの食材と一緒にお米から炊いて、重湯の力も十分に引き出せるようにしましょう。

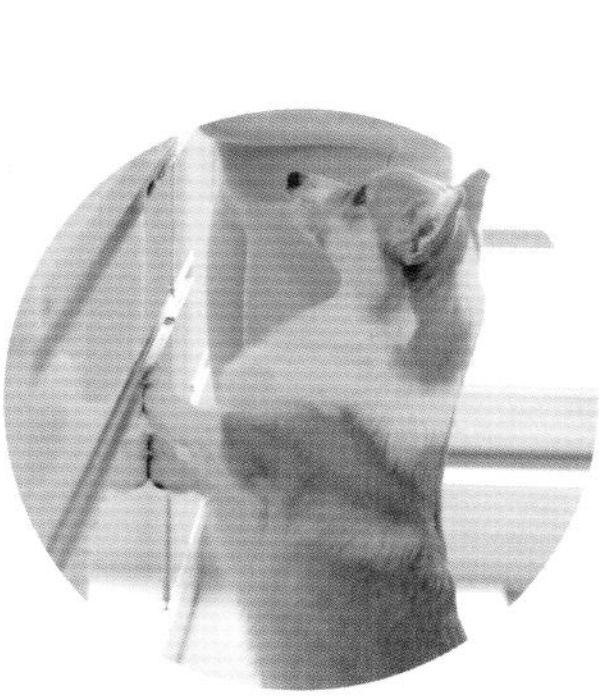

＊愛犬に異常を感じたら自己判断せず、まず動物病院で診察を受けましょう。

薬膳レシピ

手軽に取り入れられる
主食やトッピング、
おやつのレシピです。

鶏肉のお粥

体のほてり（陽気）は、体の上部にたまりやすいもの。鶏肉と大根で上がった気を降ろす、春にぴったりのお粥です。脾の働きを守るために、肝の気を鎮める効果も期待できます。

食材の
中医学的解説

鶏肉
甘／温（脾胃）

脾胃を温め、気を補います。上に上がった気を降ろします。

うるち米
甘/平（脾胃）

脾胃の気を高め健やかにする働きがあります。

じゃがいも
甘／平（胃大腸）

脾胃の働きを健やかにして、気を補います。

春菊
辛甘／平（肝肺）

肝の火を冷ます働きがあります。肺を潤し、1か所に固まった余分な水分を解きほぐします。

ピーマン
甘／平（肝心胃腎）

肝と心の働きを平にして、気の巡りと胃の働きを整えます。

大根
辛甘/涼（肺胃）

消化不良を解消して痰を取りのぞきます。上に上がった気を降ろします。

鶏肉のお粥

（材料）
作りやすい量
（全部で約449kcal）
※標準的なコーギーの約2回分

鶏胸肉（皮なし）……………200g
うるち米…………………………50g
じゃがいも ……………… 50 g
春菊 ………………………… 20 g
ピーマン……………………… 1個
大根 …………………………20g
水………………………… 200cc

作り方

①鶏胸肉は脂身を取りのぞき、犬が食べやすい大きさに切る。
②6号の土鍋に、洗った米と水200ccを入れて30分以上浸水させる。
③じゃがいも、春菊、ピーマン、大根を犬が食べやすい大きさに刻む。
④❸のじゃがいもとピーマンを❷に入れ、ざっくりとかき混ぜる。
⑤土鍋にふたをして火にかけ、弱～中火で沸騰させる。
⑥沸騰して湯気が出てきたら火を最弱にして、15分加熱する。
⑦15分経ったら火を止めて、そのまま15分蒸らす。
⑧鍋が温かいうちに❸の春菊と大根を加えて、よく混ぜて余熱で火を通す。

※参考…「現代の食に生かす　食物性味表」

ふわふわお焼き

やまいもとキャベツで、脾の働きを健やかにするおやつ。肉を足せばまさにお好み焼きで、味を付ければ人もおいしく食べられます。

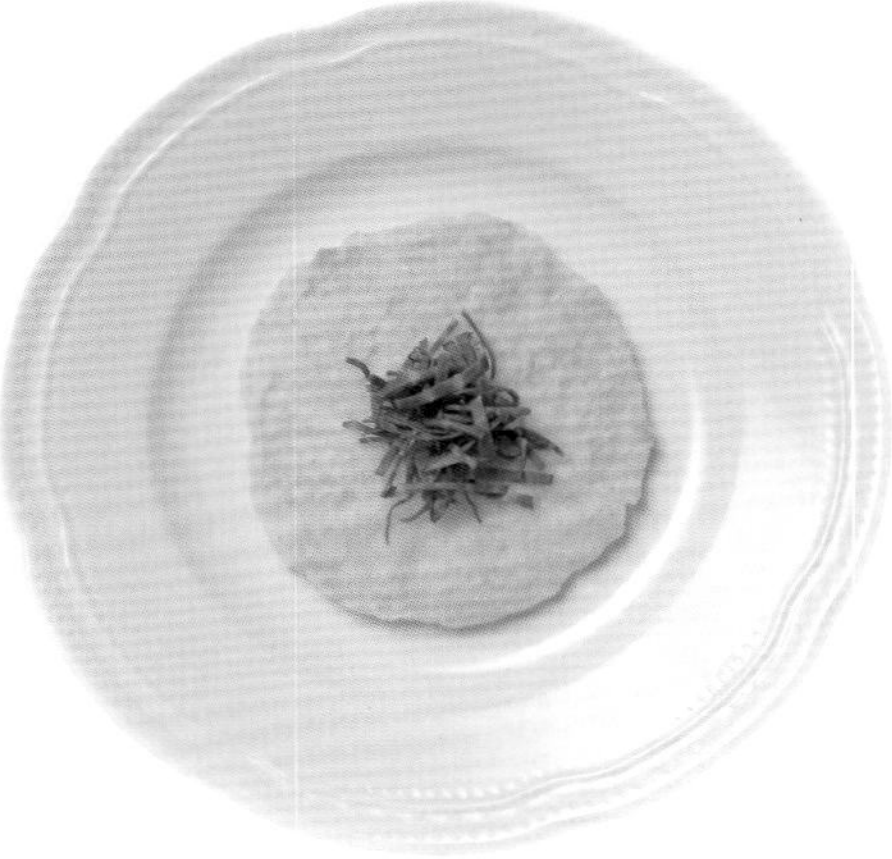

（材料）
作りやすい量（約46kcal）
※コーギーの適量＝1食につき1/2切れまで

やまいも…………………50g
キャベツ……………………20g
米粉…………………小さじ1

作り方

①やまいもはすりおろし、キャベツはみじん切りにする。
②❶をボウルに入れて、米粉を加えてよく混ぜる。できた生地を2等分してそれぞれ丸く成形し、薄く油を敷いたフライパンまたはホットプレートで弱火で焼く。
③表面が乾いたら、裏返してさらに焼く。
④竹串などを刺して、生地が付かなければ焼き上がり。

食材の中医学的解説

やまいも
甘／平（肺脾腎）

気と陰を補い、肺を潤します。脾胃の働きも整えます。

キャベツ
甘／平（肝胃腎）

胃の働きを健やかにして、五臓の気を補います。体内の余分な熱を取りのぞきます。

※彩りとして、キャベツの千切り（外葉）をトッピングしています。

もやしのしそ和え

もやしには、三焦の流れを良くする働きがあります。青じそと合わせて、フードのトッピングとして与えてください。

（材料）
作りやすい量（約16kcal）
※コーギーの1回分＝大さじ1杯程度

もやし ……………………… 30g
青じその葉 …………………… 2枚
ごま油 ……………………… 少々

作り方

①もやしはさっとゆで、ざるにあげて粗熱を取る。
②❶の粗熱が取れたら、細かく刻む。
③青じその葉は茎を取り、千切りにする。
④❷と❸を合わせ、ごま油少々を加えてよく混ぜる。

食材の中医学的解説

もやし
甘／涼（心脾胃）

体内の余分な熱を取りのぞき、のどの渇きを解消します。三焦の流れを円滑にします。

しその葉
辛／温（肺脾）

体表の邪と寒気を散らします。気の巡りを良くして胃の調子を整えます。

ごま油
甘／涼（肝大腸）

乾燥状態を潤して、便の通りを良くします。熱毒を取りのぞきます。

しょうゆなどをかければ、飼い主さんもおいしく食べられます。

Part 6

シニア期のケア

犬の長寿化に伴い、今や10歳以上のコーギーも珍しくありません。シニア犬のケアや介護についての情報や知識が必要になってきています。

シニアにさしかかったら

**愛犬の変化に気づく方法や日々の心がけなど、
今日からの生活に取り入れてみてください。**

シニアの注意点

まずはシニア期についての
基礎知識を学びましょう。

シニアかどうかは年齢では決まらない

よく「シニアになるのは7～8歳から」と言いますが、「7歳なので今日から老犬です」ということではありません。年齢はあくまで目安であり、食事や飼育方法、生活スタイルによって老化の進行具合はさまざま。人間も同じですが、生まれたときから老化は始まっています。年齢を重ねるにつれて徐々に現れてくる体の不調にいち早く気づくこと、さらにはシニア期のコーギーに起こりがちなトラブルを予防することが大切になります。

太った？と思ったら

しっかり遊んでしっかり食べるコーギーですから、飼い主さんも肥満には気をつけているのではないでしょうか。「最近うちの子、太ったかな？」と思ったら、体重を測るだけでなく直接さわってみてください。さわるのは、主に下半身の太ももやお尻の肉。必要な筋肉がしっかりと付いていれば感触が硬いはず（理想は鶏のもも肉の感触）。しっかり肉付きが感じられて、プリプリ、ムチムチとしていれば多少丸みを帯びていても「健康な〝デブ〟」です。逆に、あばら骨が浮いていたり、お腹や太ももの肉がタプタプしているのはいけません。理想体型は犬種や年齢によって違うので、一度動物病院で聞いてみると良いでしょう。

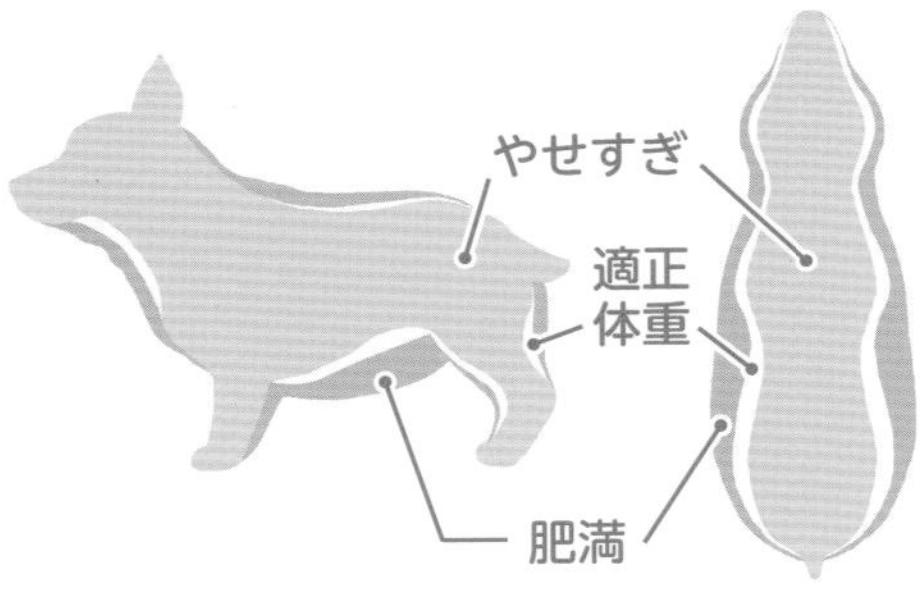

肥満と〝デブ〟は違う

「やせる＝健康」と思い込んでしまう飼い主さんもいますが、ちょっとぽっちゃりしてきたからといって、とにかくやせればいいというわけではありません。

まず、肥満と〝デブ〟は違うということです。肥満は筋肉がなくぜい肉ばかりで、対する〝デブ〟は適度に筋肉が付いている状態だと言っていいでしょう。必要な筋肉があれば、体型が丸々としていても問題ありません。肥満は適度な運動をせずに太った状態なので、骨を支える筋肉が少なく関節や骨に負担がかかります。さまざまな病気にもつながるので、適切な体重管理が必要です。

骨を守るには適度な筋肉が必要

骨や関節の健康を保つには、筋肉やじん帯がしっかりしていることが大前提。関節を押さえて守るものがなくなれば、トラブルが起きるのは当然です。ただし、筋肉の付き方は個体差がかなりあります。しょっちゅう走り回っているような「アスリートタイプ」は筋肉が付きやすいでしょうし、いつもじっと横になっているような「もの静かタイプ」なら筋肉量は少ないはずです。

アンチエイジング習慣

日々の刺激やワクワクする感情が重要です。

寝たきりを防ぐために

シニアになると徐々に足腰が弱り、階段や坂道が苦手になってきます。犬も散歩をおっくうがるようになり、飼い主さんも散歩の時間や回数を減らしがちに。これは逆効果で、寝たきりへつながる悪循環を生んでしまいます。

適度な運動は、シニア期の健康維持には不可欠です。Ｐ１１７の効果的な散歩のポイントを押さえて、筋力をキープできるようにしてください。

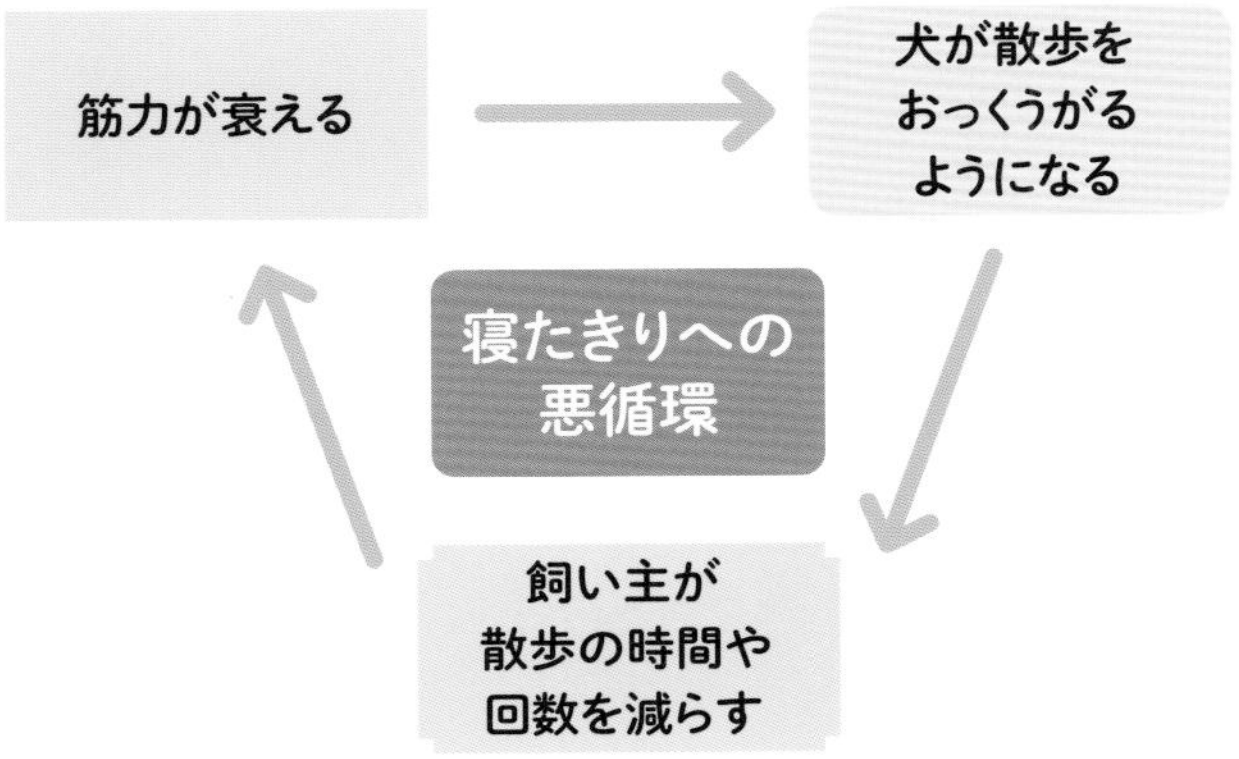
筋力が衰える
犬が散歩をおっくうがるようになる
飼い主が散歩の時間や回数を減らす
寝たきりへの悪循環

散歩の変化やお出かけが刺激になる

毎日同じ散歩コースでは犬も飽きてしまい、気が進まなくなるのかもしれません。いつもと違うコースや立ち寄る場所などを工夫すれば、楽しくて勝手に体が動くもの。もともと活動的なコーギーの好奇心や遊び心がよみがえります。

また、1週間のうち1日ぐらい散歩に行けなくても気にすることはありません。そのぶん、月1～2回でも出かけてみるのをおすすめします。犬と一緒に行ける場所は結構あるものです。アウトレットモール、山、バーベキュー、キャンプなども良いでしょう。水くみに行くときについて来たりすれば、犬にとっては自然と運動になりますし、飼い主が楽しんでいれば犬も喜んで駆け回るものです。義務としてではなく、人も犬も楽しみながら運動しましょう。

出かける前に犬を同伴できる施設かどうかを調べて、計画を練りましょう。

〈正しい散歩のための4か条〉

**シニア期の散歩で参考にしてほしいポイントです。
散歩の内容を固定せず、愛犬の年齢や
そのときの状況に応じて調整してください。**

1

散歩スタイルを日々見直す

老化に伴って変わる健康状態や体力の変化を見ながら、散歩スタイルの見直しを行いましょう。距離、コース、時間帯、歩行時間、１日の回数、休憩の頻度など愛犬の状態に合わせてください。

2

散歩前はウォーミングアップを

急な運動は心臓や関節の負担となるため、散歩に出かける前にリードを付けて部屋の中をゆっくり歩かせたり、庭をひと回りさせたりする程度の準備運動を。

3

持病がある場合は散歩エリアを狭くする

心臓や椎間板などに持病がある犬なら、自宅を起点にした短いコースをいくつか用意して、体調によって複数のコースを組み合わせたり、途中で切り上げられるようにすると良いでしょう。

4

水分補給を心がけて

シニアになると運動量は減りますが、とくに夏は歩いているだけでも舌からの蒸発や足裏からの発汗によって水分が失われます。散歩中はいつでも水分を与えられるように携帯用のボトルに入れた水を持ち歩いてください。冬場は体が冷えないように常温かぬるま湯を飲ませるのがおすすめです。

食事と排泄

シニア期のコーギーにとって
重要な健康のバロメーターです。

シニアの食事は「量」ではなく「質」

シニアになると自然と運動量が減り、筋肉も減少するため基礎代謝が低下します。そのため、若いころと同じ量の食事を与えていると肥満になってしまうのです。すると慌ててフードの量を減らす飼い主さんもいますが、栄養不足になる可能性があるので注意してください。シニア期の食事のポイントは、量を減らすのではなく、脂肪分の多いものを控え、吸収性に優れたたんぱく質を摂ることです。

シニア犬の健康を保つには、必要な栄養素をバランス良く補えるシニア犬用のフードが最適です。犬の健康状態や持病などによっても必要となる栄養素は変わるので、一度獣医師に相談してみてください。

ウンチ観察で健康チェック

当たり前のことですが、食事をすればウンチが出ます。排便時の様子やウンチの状態はとても重要。とくにシニア期は、年齢を重ねるに従って便秘がちになるので要注意。しゃがんだ瞬間にすんなりウンチが出るというのが理想です。足腰が悪くなると、排便を我慢することもあるので、排便がスムーズに行えているかどうかというのは健康のバロメーターになります。

ウンチの状態の確認も忘れずに。次のページの表のように、形と水分量を観察してみましょう。いちばん下のコロコロとしたウンチが良い、と思っている人もいるかもしれませんが、水分量が少なすぎてそうなっているケースがあります。犬が必要とする水分量は（体重や運動量によって個体差はありますが）、1日あたり1〜2Lが目安です。フードの水分含有量や1日に摂る食物繊維量によって変わりますが、目盛り付きの給水トレイを使ったり、ペットボトルを使って水の量を記録しておくなど、把握しやすくする工夫も大切です。

〈ウンチでわかる健康状態〉

ビチャビチャウンチ

いわゆる下痢の状態です。腸内の善玉菌が減って悪玉菌が増えた、消化吸収が正常に行われていない、寄生虫に感染したなど、さまざまな理由が考えられるので、早めに動物病院の受診を。

マヨネーズウンチ

軟便ではありますが、この程度なら許容範囲に入ることもあります。しかし、腸内の菌のバランスが崩れるとこのような便になることもあるので、経過観察が必要です。

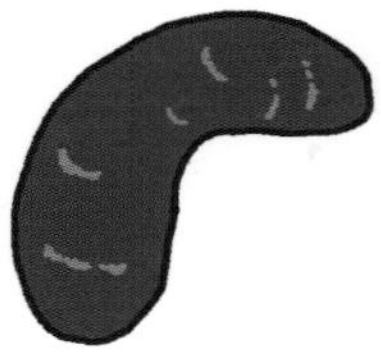

一本ウンチ

熟したバナナ、もしくはヘビがトグロを巻いたような形で少しやわらかいのが特徴。スムーズに排出されるので、足腰や腸など体にも負担がかかりません。

ソーセージウンチ
コロコロウンチ

飼い主さんの片づけは楽ですが、少し硬すぎるかもしれません。硬いウンチは強くいきんだり、踏ん張らないと出ないため、肛門に傷がつくこともあります。フードが合っていない、十分な水分が摂れていない、腸の働きが悪いなどのトラブルも考えられます。

食事は週単位で考える

毎食、完璧な栄養バランスで与えようとする飼い主さんが多いようですが、「毎食パーフェクトなバランスにする」というのはかなり大変。1週間単位で必要な栄養素が足りていれば良し、と考えてください。ある日は肉とおやつしか食べなかったとしたら、翌日以降にほかの栄養素を補えばいいのです。

たとえば、家族の誕生日など特別な日は好物だけでも大丈夫。そのぶん、翌日にいつものフードでバランスをとりましょう。食事の変化は犬にとって刺激になり、楽しみにもなります。1週間、何を与えたか忘れないように記録しながら、メニューを考えてみてください。

シニアへのアドバイス

シニア期を快適に過ごすために
役立つアドバイスです。

老化は下半身から始まる

関節の機能や骨に異常が起こると、体の左右どちらかをかばうようになります。その生活を続けていくうちに、ウエストラインや腰回りの体型に異変が現れます。太る・やせる、いずれにしても左右のバランスが崩れているように感じたら要注意です。

また、膝が悪くなる原因のほとんどは、太ももの筋肉が減ること。太ももの筋肉を見るときは、左右が同じ太さ・硬さなのかをチェックするようにしましょう。

家の中にいつでも排泄できる場所を

シニア期は筋力の低下や足腰のトラブルなどが原因で、排泄がスムーズにできなくなることがあります。トイレに行きたいときにすぐ行けるように、家の中で環境づくりをしてあげてください。散歩時しか排泄できない状況は犬にとってストレスになります。犬が行きやすい場所にペットシートをつねに敷いておくと良いでしょう。

また、排泄時に中腰の姿勢が取りにくくなると、オシッコで体が汚れることも多くなります。足の短いコーギーは飛沫がかかることも多いので、排泄後には陰部や体をふいて清潔にしてあげましょう。

散歩はハーネスを使って

散歩時はハーネスを使うことをおすすめします。犬はそもそも飼い主さんを見上げることが多く、首に負担がかかります。コーギーのような体型ならなおさらで、シニア期には首のトラブルが出やすくなります。それを防ぐためにも散歩時には首に負担をかけにくいハーネスを使ってください。

かかりつけの動物病院選びは重要

かかりつけの病院を、家からいちばん近いから、ワクチンを打ったときに行ったから……、などの理由で決めていませんか？　シニア期のトラブルが起きてからではなく、前もって「病気を見つけてくれる病院」や「病気の可能性を教えてくれる病院」を探しておくことをおすすめします。定期健診などでも「異常ありません」で終わらずに、「今は健康でもこの先どんなリスクがあるか」を提示してくれるのが良い獣医師です。健康と病気のあいだの状態である「未病」の状態で、病気の可能性に気づかせてくれる病院が理想となります。

愛犬の状況に合わせて
生活に取り入れてください

〈認知症予防の生活アドバイス〉

単調な毎日の繰り返しは、脳への刺激が乏しいため認知症を引き起こす原因になります。簡単にできる予防法をまとめたので参考にしてみてください。

1

たくさん話しかける

犬にとって飼い主さんとのコミュニケーション不足はストレスになります。たくさん話しかけると、頭も気持ちも活性化します。

2

スキンシップを増やす

視覚や聴覚が衰えてくるシニア期は、飼い主さんとのふれ合いがより大切になります。脳への心地良い刺激にもなるので、お手入れやマッサージなどの機会を意識して持つようにしましょう。

3

子犬を迎える

同居犬を迎えることは大きな刺激になります。子犬を迎えることで、群れのリーダーとしての威厳が生まれたり、一緒にじゃれ合って遊ぶこともプラスになります。

4

DHA、EPAを摂取する

DHA（ドコサヘキサエン酸）やEPA（エイコサペンタエン酸）といった、不飽和脂肪酸が含まれるいわしなどの魚を食事に取り入れましょう。不飽和脂肪酸は認知症に効果的という説があるので、シニア犬の食事に適しています。

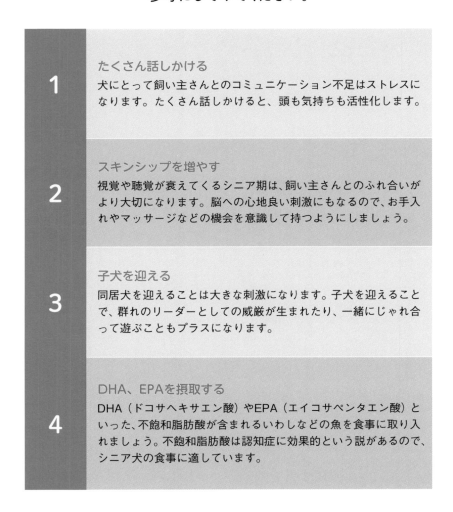

シニア度チェック

愛犬のふだんの様子から、
シニア度を判定。
老いの状態に合った
接し方やケアを
考えてあげましょう。

生活習慣

- [ ] 睡眠時間が増えた
- [ ] 食べものにあまり興味を示さなくなるか、逆に執着して食べ足りないというくらいに食べる
- [ ] 食欲はあるが、上手に食べられない
- [ ] 食べものの好みが変わった
- [ ] 水を飲む量が減った
- [ ] ほかの犬や猫、来客などに対してあまり興味を示さなくなった
- [ ] 昼間は眠っていて夜は起きている
- [ ] トイレに行っても便が出づらい
- [ ] トイレを我慢しづらくなったのか、何度もする
- [ ] 粗《そ》相《そう》をする（トイレを失敗する）
- [ ] 尿を少しずつ出す

行動

- [ ] 遊びなどを嫌がる、または遊んでもすぐに飽きてしまう
- [ ] 階段やソファーの上り降りが上手にできない
- [ ] ものにぶつかったり段差でつまずく
- [ ] 散歩やお出かけを喜ばなくなり、疲れやすい。座り込むこともある
- [ ] 外が薄暗くなると散歩に行きたがらない
- [ ] 知らない場所に行きたがらない
- [ ] 狭いところに入ると後戻りできない
- [ ] 呼びかけや大きな音に対する反応が薄い
- [ ] 寝ているときに起こしても反応が薄い
- [ ] 突然吠え始める
- [ ] 動くものを目で追わなくなった

ホームケアのコツ

シニア犬のケアには、
できるだけ負担をかけない
ような工夫が必要です。

ブラッシング

日ごろからこまめに脇や内股など毛玉のできやすいところを中心にとかします。解きにくい毛玉があれば、無理に引っ張らずハサミでカットしましょう。ブラッシングは毛並みを整えるだけでなく、血流を良くする効果もあります。

被毛

目や口、肛門、陰部周りの汚れやすい部分は、短くカットしておくと衛生的でお手入れしやすくなります。ケガをさせないように、皮膚をしっかり確認しながらカットしましょう。サマーカットは、毛を短くしすぎると日焼けを起こしてしまう可能性もあるので注意。

シャンプー

シャンプーが目や口に入らないよう注意してください。嫌がるようなら、顔や汚れやすいところを濡れタオルか湿らせたガーゼでやさしくふきましょう。水が苦手で緊張してしまう場合は無理をせず、ドライシャンプーや沐浴でOK。

爪

爪が伸びるとフローリングなどで滑ってしまい、足先や膝、腰などに負担がかかります。爪とともに中を通る血管も伸びているので、出血しないよう注意しながら切りましょう。爪が伸びたまま放置すると思わぬケガにつながることもあるので、こまめに切ってあげましょう。

コーギーコラム
3

介護の心がまえ

人間と同じように、犬もこれから介護の必要性が
高まっていくはずです。
早いうちから考えておきましょう。

歩行困難、トイレの失敗、無駄吠えの増加などが見られたら、介護スタートのサインとなります。愛犬の介護を経験した飼い主さんへのアンケートでも、「トイレの世話と歩行補助がいちばん大変」との結果が出ています。

介護はいったん必要になると毎日続けなければならず、飼い主さんは生活ペースが乱されるので大変です。しかしいちばん困っていたり、ストレスを感じているのは犬自身。家族の一員になった日から、愛犬にはたくさんの愛情や思い出をもらってきたのですから、感謝の気持ちを込めてできる範囲で最高のケアをしてあげたいものです。犬は飼い主さんのイライラ（負の感情）を敏感に察知して傷つくこともあるので、ひとりに負担がかかりすぎないよう、家族みんなで協力・分担して行いましょう。

また、何事も「備えあれば憂いなし」と言うように、介護生活に向けて若いうちからできることを実践してください。まずは、栄養バランスの良い食事で基礎的な体力・生命力を高めて、運動もしっかりして筋力をつけておくこと。いざ介護が必要となったときに世話しやすいよう、日ごろから信頼関係を築き上げておくことも大事です。抱っこやブラッシング、爪切り、歯みがきなども、若いうちから愛犬がすんなり受け入れられるようにしておくといいですね。

介護はがんばりすぎないことも大事。手助けを頼める人がいたらお願いしましょう。

コーギーとのしあわせな暮らし

+αのコツ

知っておきたい

コーギーのお出かけマナー

「愛犬同伴でアウトドアや旅行を楽しみたい！」という飼い主さんも多いはず。でも、人も犬も楽しむためには事前の準備が必要です。愛犬との時間をもっと楽しく過ごすためのふるまいをマスターしましょう！

愛犬同伴のお出かけを楽しむために

愛犬を迎えたら、一緒に行ってみたいところやしてみたいことなどがたくさんあるものです。しかし、どんな場所であっても愛犬連れの場合は周囲への配慮が必要です。なぜなら、お出かけ先には犬に慣れていない人や苦手な人がいるかもしれないから。もちろん、禁止されていない限り飼い主さんには「愛犬を連れて行く権利」があります。ただし、それは「その場にいる人（と犬）みんなが楽しく過ごすために、最大限努力する義務」を果たしてこそ得られるものなのです。

残念なことに、マナー違反が多発したことで犬連れNGになったスポットも少なくありません。ルールを守らない一部の人によって、愛犬と訪れることができる場所が少なくなったり、犬を飼っていない人から「だから犬連れは反対だ」と言われるのは悲しいことです。何より、思わぬケガやトラブルでせっかくのお出かけを台無しにしないためにも、つねに愛犬の様子を気にかけ、周囲への気配りを忘れないようにしてください。

〈主なお出かけNG行為〉

ドッグラン、ドッグカフェ、愛犬同伴可能な宿など、
公共の場ではほかの飼い主さんや犬がいる
（＝自宅ルールではいけない）ことを忘れないようにしてください。

- ☐ 外出先の情報（犬連れOKな範囲やルールなど）を事前に調べない
- ☐ 愛犬から目を離す
- ☐ どこにでもマーキングするのを許してしまう
- ☐ 呼び戻しができず、他人に迷惑をかける行動をすぐに止められない
- ☐ 犬同伴OKのカフェで、愛犬が吠えたり動き回ったりするのを止めない
- ☐ 排泄物を放置する
- ☐ ノミ・ダニの予防をしていない

“愛され飼い主＆
ワンコ”になって、
たくさん思い出を
つくりましょう！

お出かけの心がまえ

お互いに気持ち良く過ごすためにすべきことを知っておきましょう。

愛犬が嫌がることをさせない

「ドッグランに行って愛犬にお友達をつくってあげたい」、「海や山に行って一緒にアクティビティーにチャレンジしたい」、「ドッグカフェで愛犬とティータイムを過ごしたい」と言う飼い主さんもたくさんいます。もちろん、愛犬がそういった状況を楽しんでいるなら問題ありません。でも、ほかの犬や人が苦手な犬もいれば、おうちでまったりするのが好きな犬もいるでしょう。そんな犬にとっては、不特定多数の犬や人がいる場所に身を置かれることがかなりのストレスになってしまいます。

　その子の性格をきちんと理解し、飼い主さんの希望を押しつけてストレスを与えないようにしてください。外出先でも愛犬の表情や行動をよく観察し、不快に思っていることがあれば取りのぞいてリラックスできるようにしてあげましょう。

ふだんからトレーニングする

　ドッグランなどでよく聞くのが、オテやオスワリ、呼び戻しなどがうまくいかないときの「うちの子はおバカさんで〜」という飼い主さんのコメント。そもそもそういった場所は犬にとって非日常的な環境なので、いきなり「言うことを聞きなさい」といっても難しいのです。どんなトレーニングも、まずはふだんの生活で確実にできるようにすることが重要です。

　たとえば呼び戻しなら、家で犬がオモチャに夢中になっているときに不意に名前を呼ぶなどして、いつでも飼い主さんのところに来られるようにしましょう。Ｐ１３０〜のトレーニングは基本的に集中しやすい室内から始めて、最終的には刺激や誘惑の多い外でもできるように慣らしていきます。

呼び戻しは、犬が飼い主さんのところへ来てオスワリまでできるのがベスト。首輪をつかめるようにしておくと、いざというときに役立ちます。

ノミ・ダニの予防

好奇心旺盛なコーギーは、散歩中に草むらに頭を突っ込んだりすることも多いものです。とくに、山や森といった自然豊かな場所でのアクティビティーやキャンプを楽しみたい場合は、ノミ・ダニの予防は必須。もちろん、そうでなくとも日常のなかに危険が潜んでいるので、一年中予防するのが望ましいでしょう。

最近では飲み薬やスポットオン（薬剤を首のあたりに垂らす）タイプなどさまざまな薬が開発されているので、動物病院で愛犬に合ったタイプがどれか相談し、しっかり虫よけ対策をしてください。

犬にとって草むらをくんくんするのもお散歩の醍醐味。とはいえ、飼い主さんにとっては心配の種なので、予防しておきましょう。

次のページからは、
マスターしておきたい
トレーニングを紹介します

マーキングのコントロール

愛犬とちょっとしたお出かけや
旅行を楽しむために
マスターしましょう。

ドッグカフェやペット宿泊可能のホテルで、愛犬がマーキングをしそうになったら、周囲の安全に配慮した上で少し早足で歩きましょう。犬のペースに合わせすぎると、マーキングする隙を与えてしまいます。

「マーキングするかも」と思ったら、名前を呼んでアイコンタクトをとり、飼い主さんに集中させましょう。きちんと反応して飼い主さんに意識を向けられたら、ほめておやつを与えます。

カフェマナー

施設によっては、カフェマットが
必須なところもあります。

マットに乗れたら
おやつを与えましょう

1 ふだんから家で練習しましょう。まずリビングなどにカフェマットを敷き、指でマットを差してそこに乗るよう誘導します（おやつを使ってもOK）。

オスワリ

2

「オスワリ」のコマンドを出して、マットの上にオスワリさせます。うまくできたら、ほめておやつを与えます。

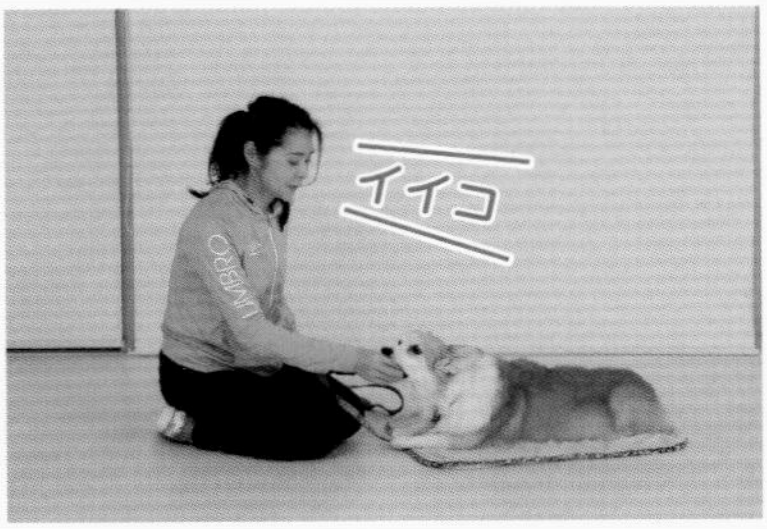
イイコ

3

オスワリの状態から「フセ」のコマンドを出し、マットの上に伏せさせます。うまくできたら、ほめておやつを与えます。

4

マットの上に伏せたまま「マテ」のコマンドを出し、しばらくそのまま静かに待てるようにします。動いてしまったら、「あ～! 動いちゃった」と、残念がるリアクションをとりましょう。

memo

フセが得意な犬なら、②を省略していきなりフセから実践しても大丈夫です。

ドッグカフェで
いきなりマットを敷かれても、
ワンコはどうしたらいいか
わからないのです

5

①～③がスムーズにできるようになったら、飼い主さんがいすに座っている状況でも同じことができるかチャレンジします。

引っ張り防止

「飼い主さんと歩くのが楽しい！」

と思わせるのがポイントです。

1

お散歩中など、一緒に歩いているときに行います。まずおやつを手に持ち、名前を呼びながら犬に見せて自分のほうに目を向けさせます。

2

①でスムーズにアイコンタクトがとれたら、ほめておやつを与えましょう。

3

①〜②を短い間隔（だいたい５mごと）で繰り返します。すると、「飼い主さんと一緒に歩くといいことがある」と理解し、やがてペースを合わせて歩けるようになります。

拾い食い防止

誤飲・誤食を防ぐためにも
マスターしておきましょう。

1

時間があるときに室内で行います。部屋におやつを適当にばらまきます。外で歩くことを想定し、リードを付けておきましょう。

memo

犬が「そこにおやつが落ちていることをわかっている」状態で行うのが重要です。

2 ばらまいたおやつがあることを見せながら歩きます。

3 おやつを食べようとしたらリードを短く持ち、「いけない」など「それをしてほしくない」ことを伝えます。

4 ③だけで制止できないときは、 名前を呼んでアイコンタクトをとっても〇。

memo

室内でクリアできたら、玄関先→庭→散歩コースと、外の刺激がある環境で難易度を上げてみましょう。

5 床に置いたおやつを食べずに我慢できたら、ほめて飼い主さんの手からおやつを与えます。

【監修・執筆・指導】

PART 1

神里 洋
村瀬由美（SMILE ANJO）

PART 2

Singing Doggies GOOFY
村瀬由美（SMILE ANJO）
福岡コーギーレスキュー

PART 3

倉岡麻子（inudog NAGURI）
田中浩美（DOG ACADEMIA）

PART 4

神保奈美（青山ケンネル）
矢崎貴子（ドッグサロンデイジー）
中山恵美子（愛犬のためのトータルケアサロン EVA）

PART 5

相川 武（相川動物病院）
船津敏弘（動物環境科学研究所）
山本真希子
平林雅和（オールペットクリニック）
奈良なぎさ（ペットベッツ栄養相談）
油木真砂子（FRANCESCA Care Partner）

PART 6

若山正之（若山動物病院）

＋α

田中浩美（DOG ACADEMIA）

0歳からシニアまで
コーギーとのしあわせな暮らし方

Midori Shobo Co.,Ltd

2023年5月20日　第1刷発行©

編　者　Wan編集部
発行者　森田浩平
発行所　株式会社緑書房
〒103-0004
東京都中央区東日本橋3丁目4番14号
TEL 03-6833-0560
https://www.midorishobo.co.jp
印刷所　図書印刷

落丁・乱丁本は弊社送料負担にてお取り替えいたします。
ISBN978-4-89531-889-1
Printed in Japan

本書の複写にかかる複製、上映、譲渡、公衆送信（送信可能化を含む）の各権利は株式会社緑書房が管理の委託を受けています。

JCOPY ＜（一社）出版者著作権管理機構 委託出版物＞

本書を無断で複写複製（電子化を含む）することは、著作権法上での例外を除き、禁じられています。本書を複写される場合は、そのつど事前に、（一社）出版社著作権管理機構（電話03-5244-5088、FAX03-5244-5089、e-mail:info@jcopy.or.jp）の許諾を得てください。また本書を代行業者等の第三者に依頼してスキャンやデジタル化することは、たとえ個人や家庭内での利用であっても一切認められておりません。

編集　鈴木日南子、山田莉星
カバー写真　蜂巣文香
本文写真　岩﨑 昌、蜂巣文香、藤田りか子
カバー・本文デザイン　リリーフ・システムズ
イラスト　石崎伸子、カミヤマリコ、加藤友佳子
くどうのぞみ、ヨギトモコ